高水平应用型服装专业系列教材

U0163247

女 上 装
款式·版型·工艺

NÜSHANGZHUANG
KUANSHIBANXINGGONGYI

主编：燕 平
副主编：张周来 张 钰
参编：胡 萍 罗桂兰 李晶晶

东华大学出版社·上海

内容简介

本书共分为三大部分，第一部分包括一、二、三、四章，分别从女上装款式的演变发展着手，详细地阐述了女上装款式的分类及穿着规范，并对经典、流行款式进行了分析。根据日本与东华原型结构的变化，对女上装衣身、衣领、衣袖从结构平衡、版型变化等方面进行了详细的分析。第二部分包括五、六、七、八、九、十、十一、十二、十三章，分别对女衬衣、女外套、连衣裙、女大衣、女风衣等，从款式设计到结构版型设计、面料选择、工艺制作等完整的设计过程进行论述，提高从设计到成衣全过程的实践能力。第三部分通过经典款式版型设计案例与流行时尚款的鉴赏，提高读者对流行趋势的敏锐度和审美力。

本书内容全面详实，既缩短了查找不同类型服装书籍的时间，又提供了一个完全连贯的学习服装设计的过程，不仅可以作为教材，更是所有服装设计爱好者的自学用书。

图书在版编目（CIP）数据

女上装款式·版型·工艺/燕平主编. -- 上海：
东华大学出版社，2020.8
ISBN 978-7-5669-1667-9

Ⅰ.①女… Ⅱ.①燕… Ⅲ.①女服—服装量裁 Ⅳ.
①TS941.717

中国版本图书馆CIP数据核字(2020)第134674号

责任编辑：李伟伟
封面设计：李　静

女上装款式·版型·工艺
NÜSHANGZHUAN KUANSHI BANXING GONGYI

主　编：燕　平

副主编：张周来　张　钰

参　编：胡　萍　罗桂兰　李晶晶

出　版：东华大学出版社（上海市延安西路1882号，200051）

出版社官网：http://dhupress.dhu.edu.cn/
出版社邮箱：dhupress@dhu.edu.cn
发行电话：021-62373056
印　刷：上海龙腾印刷有限公司
开　本：889 mm×1194 mm　1/16　印张：17.25
字　数：607千字
版　次：2020年8月第1版
印　次：2020年8月第1次印刷
书　号：ISBN 978-7-5669-1667-9
定　价：69.00元

总　序

　　国以才立，业以才兴。2018年5月2日，习近平总书记在北京大学师生座谈会上强调，党和国家事业发展对高等教育的需要，对科学知识和优秀人才的需要比以往任何时候更为迫切。总书记提出要形成高水平人才培养体系，这是当前和今后一个时期我国高等教育改革发展的核心任务。教育部部长陈宝生在新时代全国高等学校本科教育工作会议上的讲话中提出，高水平人才培养体系包括学科、教学、教材、管理、思想政治工作五个子体系，而教材体系是高水平人才培养不可或缺的重要内容。

　　《国家中长期教育改革和发展规划纲要》中也明确提出"全面提高高等教育质量""提高人才培养质量"，要求加大教学投入，加强教材建设，明确指出"充分发挥教材育人功能"，加强教材研究、创新教材呈现方式和话语体系。

　　本系列教材正是贯彻落实新时代全国高等学校本科教育工作会议精神等相关文件的精神，全面提高人才培养能力，组织知名行业专家、高校教师编写了"高水平应用型服装专业系列教材"，将学科研究新进展、产业发展新成果、社会需求新变化及时纳入教材中，并吸收国内外同类教材的优点，力求臻于完美。

　　本系列教材特点体现在以下几个方面：

　　1.体现"业界领先、与时俱进"理念。本系列教材特邀服装行业专家学者、企业精英进行整体设计，实时纳入了业界发展最新知识，力求与时代发展吻合，尽力反映行业发展现状。

　　2.围绕"应用型人才"培养目标。本系列教材力求大胆创新，突出技术应用。面向服装类专业应用型人才培养目标，面向课堂教学案例教学改革，注重以学生为中心，以项目为主线，以案例为载体。

　　3.突出"能力本位"实践教学。瞄准"能力"核心，突出体现产教融合、校企合作下的教材共建，将传统学科知识与产业实践应用能力相结合，强调教材的实用性、针对性。

　　4.实现"系统性、多元化"教材体系。该系列教材以"设计—版型—工艺"为主线，充分利用现代教育技术手段，基于在线教育综合平台（kc.jift.edu.cn）建设有优质教学资源，开发有教学素材库、试题库等多种配套的在线资源。

　　5.强调在教材用语上生动活泼，通俗易懂。在编写体例上，力求体系清晰，结构严谨。在内容组织上，体现循序渐进，力争实现理论知识体系向教材体系转化、教材体系向教学体系转化、教学体系向学生的知识体系和价值体系转化。

本系列教材服务于服装类相关专业，适合以培养实践能力为重点的应用型高等院校使用，同时对服装产业相关专业亦有很好的参考价值。应用型系列教材编写形式虽属于我们的初次尝试，但相信本系列教材的出版，将对我国纺织服装教育的发展和创新应用型人才的培养作出积极的贡献，必将受到相关院校和广大师生的欢迎。

欢迎广大读者和同仁给予批评指教。

应用型服装专业系列教材编委会

2018 年 11 月 28 日

前　言

　　现代服装产业的快速发展，急需高校培养高素质、且具有全面创新能力的艺工结合型服装人才，高校应用型本科的教学改革与发展再次对现代高校服装教育提出了新的要求。虽然我国高校的服装教育在历经几十年教学过程中，一直都在积极探索服装设计师的成才之路，并已逐步与世界发达国家的服装教育接轨，也基本形成了以设计为主的艺科教学模式和以结构工艺为主的工科教学模式，并有与之相呼应的大量分科教材产生。然而，服装是集艺术、结构、工艺为一体的产物，由此构成了服装设计具有艺工结合的特殊性。鉴于目前将艺工结合为一体的教材少之又少，我们编写了《女上装款式·版型·工艺》。本书主要特色在于突出了技术应用的能力，按照款式设计、结构版型与工艺制作的规律性、连贯性，把常用女上装款式、结构、工艺融为一体，在掌握其服装专业知识的前提下，对经典的、时尚的女上装进行款式、结构的案例分析，引导大家进行系统性、多元化探索，突破了传统单一的框架，提高了创新课程一体化的艺工设计制作的能力，适合以培养实践为主的应用型本科高校使用。

　　参与该教材编写的有主编燕平，副主编张周来（企业）、张钰及其他参编人员，共六人，在编写过程中，充分发挥了团队的力量，其中燕平、张钰、胡萍编写了第一、五、八、十一章，张周来编写了有关结构的第二、三、四、六、九、十二章，罗桂兰、李晶晶制作并编写了第七、十、十三章，燕平进行最后的统稿及完善工作。

　　此本教材得以顺利完成，首先感谢江西服装学院领导的大力支持，感谢东华大学张文斌教授的亲临指导。感谢所有提供图片和参考书的专家、学者的大力支持，感谢所有为编写此书付出辛勤劳动的老师们。因时间仓促，水平有限，教材中疏漏及不尽如人意之处在所难免，恳请各位专家、同仁提出宝贵意见，不胜感激。

编　者

目　录

第一章
女上装款式、版型的演变与发展

本章要点

了解女装的演变、发展的全过程，掌握其款式的分类及穿着规范，通过对经典、流行款式的分析，不断提高学习者的审美能力，为走向市场打好基础，成为思想型、应用型的创新人才。

第一节
女上装款式的演变

在历史的变迁中，变化最大的就是服饰，尤其是女装，它是一个时代发展的缩影；也是时代进步、文明、兴旺发达、繁荣昌盛的象征；它在记录历史变革的同时，也映衬着一种民族的精神，传承着当地的历史文化风俗，因此，女装是服装款式变化中的重要组成部分。

一、近代女上装款式的演变及特点

西方的近代服装（1789—1914）是指从1789年法国大革命到1914年第一次世界大战爆发的一个多世纪产生的服装。

19世纪被称为"流行的世纪"，主要是指女装，女装的变迁几乎是按照顺序周期性地重现过去曾出现过的样式：希腊风—16世纪的西班牙风—洛可可风—巴斯尔样式等。法国大革命时期是近代服装与古代服装的分界线，女性服装出现了法国式的新古典主义倾向。从服装样式上，一般分为以下五个时期：

1. 新古典主义时期（1789—1825）

① 新古典主义前期，女装特点为造型简练、朴素，腰节线提高到胸部以下，袖子很短，裙子下摆有刺绣。

② 新古典主义后期，即服装帝政样式时期（1804—1825）。拿破仑对古罗马的崇拜主要反映在女装上，这就是所谓的帝政样式。强调齐胸高的高腰身，细长裙子，白兰瓜形的短帕夫袖（这种帕夫袖被称为"帝政帕夫"）。方形领口，胸口袒露，肖尔披肩是帝政样式不可缺少的装饰物。约瑟芬的斗篷（又称罗布·德·克尔斗篷）具备帝政式样的单纯和宫廷的优雅和豪华，其一种穿法是用钩子固定在腰围线上，多用于短袖衣服。

拿破仑战争失败后，东山再起的旧势力重新在服装样式上找崇拜偶像，即新型哥特式样式，其特点为裙摆量增加，波浪、褶饰增多，或加别色布，加重裙子的重量和膨胀感；色彩以白色为主，边缘有浓艳色的刺绣，领饰和肖尔也用艳丽颜色。

2. 浪漫主义时期（1825—1850）

浪漫主义时期主要表现在非活动性的女装上，特点如下：

① 腰线回到自然位置。重新启用紧身胸衣；袖根、裙摆膨大化，裙子成了X型；裙子膨大靠数条衬裙来完成，前摆打开呈A字。

② 独具特色的袖型，为了使腰部显得纤细，肩部向横宽方向扩张，袖根部极度夸张（采用鲸须、金属丝或羽毛填充，常用的袖型有帕夫袖、羊腿袖，有时袖子上还有斯拉修装饰）。到1840年左右受英国人的影响，袖子开始变细。

③ 极具浪漫的领型。这一时期有两种极端形态：一种是高领口，一种是大胆的低领口。高领口上常有褶饰，有时还有采用16世纪的夫拉领，也有荷兰风时代的大披肩领；低领口上常加有很大的翻领或重叠数层的飞边、蕾丝边饰。

④ 各种外套的流行。受服装外形特征的制约，斗篷形的外套曼特莱（Mantelet）非常流行。

3. 巴斯尔时期（1870—1890）

女装的特点为突臀、拖裾、强调"前挺后翘"的外形特征及表面装饰效果（图1-1）。

19世纪80年代以后，女服又一次向男服靠拢。女性运动服促进了女服现代化的进程。80年代后，女性参加各种体育运动，如高尔夫、溜冰、网球、骑自行车等，运动服应运而生。

图 1-1 巴斯尔时期女装

4. S 型时期（1890—1914）

19 世纪末 20 世纪初，艺术领域出现了否定传统造型样式的运动潮流，这就是"新艺术运动"。主要特点为曲线造型。S 状、涡状、波浪状、藤蔓状的非对称的自由流畅的连续曲线，取材于自然界的花梗、花蕊、葡萄藤、昆虫翅膀以及其他波状形体。

1900 年巴黎的万国博览会上。新艺术运动到达顶峰，受新艺术运动曲线的造型样式影响，这个时期女装外型从侧面看呈优美的 S 型，因此称作"S 型时代"。S 型时代女装局部造型特征为哥阿·斯特卡（Gore skirt）裙摆加三角形布，下摆的量达到顶峰。裙长及地，上半身到臀部非常合体，下摆呈喇叭状。

二、现代女上装款式的演变及特点

1. 奢华年代（1900—1914）

从传统型向现代型女装过渡。

廓型：S 型或沙漏形，即由紧身胸衣以及百合状的长裙组成。S 型弯曲紧身内衣塑造了大胸、细腰、圆臀的效果，虽使脊椎受到严重地扭曲并挤压腰部和腹部，但大众和上流社会的"S 型弯曲"流行款式仍一统天下。

配饰有长手套、折扇、阳伞等。受新艺术运动影响，服装风格浪漫华丽。

2. 女装的现代化（1914—1929）

第一次世界大战及战后文化背景使得男子奔赴前线，女性成为劳动力，女装产生划时代的大变革。女装的现代化向前迈出一大步，裙长缩短，繁琐装饰去掉，机能性男式女装确立。职业女装登上历史舞台，迎来巴黎高级时装的第一次鼎盛期。

主要设计师：

加布里埃·香奈儿（Gabrielle Chanel）——巴黎时装界的女王

香奈儿是 20 世纪巴黎时装界的女王，人们把这个时期称为"香奈儿时代"，她对现代女装的形成起着不可估量的作用。她的服装造型简洁、单纯，打破传统贵族气氛。

玛德莱奴·威奥耐（Madeleine Vionnet）——斜裁

不画设计稿，直接运用各种质感性能面料在立体模型上造型，被誉为"裁缝师里的建造师""斜裁女王"，创造了史无前例的斜裁技术。

简奴·郎邦（Jeanne Lanvin）——绘画女装

以绘画为题材，郎邦店是巴黎现存最古老的高级时装店。

吉恩·帕特（Jean Patou）——即兴创作魔术师

把面料直接披在模特身上即兴发挥的设计师，店中有织造、染色、刺绣、设计、缝制、毛皮制作等一系列创作工作室。

3. 细长形与军服式（1930—1946）

经济危机使女装又一次出现尊重优雅的非机能倾向，二次世界大战迫使女装再度向机能型男装靠拢，决定性地完成了女装的现代化，女装完全变成一种非实用男性味很强的现代装束，构成了细长形军服式女装的流行。

主要设计师：

克里斯特巴尔·巴伦夏加（Cristobal

Balenciaga）

"20世纪时装界的巨匠"，香奈儿曾讲过"从设计到裁剪、假缝、真缝，全部自己一个人完成作品的只有巴伦夏加"。其致力推行简洁、单纯、朴素的女装造型，开拓了运动型女装。

4. 迪奥时代（1946—1957）

1945年9月二战结束，设计师们开始追求款式的多样性和裁剪技巧的变化。

1947年2月12日，首届作品"新风格"发表会使得迪奥一夜成名，克里斯汀·迪奥（Christian Dior）的作品成为新样式，从而引领了近半个世纪的世界流行，法国高级时装达到了第二个巅峰时期。

主要设计师：

克里斯汀·迪奥（Christian Dior）

从军装外观的流行到纤腰宽摆大裙，从功能性翼形裙到花冠形裙，从裙型的变化到袖型的变化，无一不体现女性的曲线美，强调优雅的女性气质。

5. 流行的转化（1958—1972）

20世纪60年代是一个动荡激情的时代，服装产业走向成衣生产的路线，广大普通消费者成为了主要的客户群体。年轻人的品味、爱好和购买力促进了产品的个性化和流行性，加速了流行的更替。

主要设计师：

瓦伦蒂诺·加拉瓦尼（Valentino Garabani）

喜欢用纯色，特别是鲜艳的红色；重视工艺的考究和尽善尽美的细节；喜欢裁剪得体的款式，突出女性身形，体现妖娆抚媚的味道（图1-2）。

伊夫·圣·洛朗（Yves Saint Laurent）

21岁成为迪奥的首席设计师，后用自己名字的首字母YSL作为标志，他所设计的喇叭裤、套头毛衣、无袖汗衫、嬉皮装、长统靴、中性服装、透明装等无一不呈现着他的反叛权威精神。

6. 流行的多样化时代（1973至今）

一个休闲多变和充满幻想的潮流时代，旅游业的发展促进时尚全球化，来自全球各地的文化元素冲击着时尚领域，流苏、花边、钩编开始流行，T恤衫、超短裤、连体服、大码风、航海风兴起。

主要设计师：

范思哲（Ginanni Versace）——个性先锋

"致命吸引力"是范思哲的设计宗旨与追求，个性非常鲜明。将金属元素、塑料等多种元素融入服装款式中，将女性的柔美与金属的阳刚相结合，成为范思哲时装的一个经典特征（图1-3）。

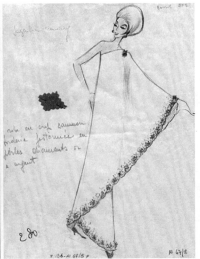

图1-2　瓦伦蒂诺1969年推出"名流挚爱"　　　　图1-3　范思哲的作品

薇薇安·韦斯特伍德（Vivienne West-wood）——朋克之母

她是"朋克之母"，给予了摇滚典型的外观，撕裂、挖洞的T恤、金属拉链、金属链条等，凸显个性，形成强烈、极端的个性并一直影响至今（图1-4）。

于贝尔·德·纪梵希（Hubert de Givenchy）——从优雅到狂野

纪梵希曾说过："设计一条最简洁的裙子，反而是最难的"。精致、高雅、典范是纪梵希设计作品的代名词，优美、简洁、典雅是纪梵希最大特点。赫本小黑裙是纪梵希的经典设计，领围线弧度能够突出女性肩颈的曲线美，袖窿的弧度刚好能够露出肩部的古典和肌肉曲线，将女性的柔美和俏皮、优雅与端庄结合得恰到好处（图1-5）。

图1-4　薇薇安与她的作品

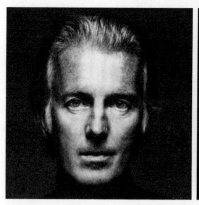

图1-5　纪梵希与他的作品

第二节
女上装款式发展趋势

现阶段女装行业处于发展成熟期，女装高端化趋势持续上升，高端女装行业市场集中率低，市场容量还未充分挖掘，人们经济增长和收入增加促进了高端消费需求的提升。从国内服装市场的整体发展趋势来看，随着女性收入的提高，与收入相同的男性相比，女性的服装消费水平提升更加显著，消费群体比例进一步向女性倾斜。女性对服装品位和质量要求也日益提升。把控好女装款式的发展趋势，更有利于我国女装高端化趋势的持续，女性服装行业向高端品牌化和差异个性化方向发展。

20世纪高级时装的发展与革新，使服装产业的生产与流行达到了鼎盛时代。女性社会活动的增加和社会地位的逐渐提升，使女装从束缚腰部的服装款式中解脱出来，出现了多元化、求异性的设计思维。款式造型的宽松量加大，裙子的宽窄长短也是千变万化，露出双脚和踝关节，甚至露出大腿，有利于女性在社会活动中更加的便捷。

20世纪六七十年代，是一个社会大变革的时代，后现代主义产生。这一时期逐渐被年轻人的思想方式占领，摇滚音乐、叛逆思潮、品味个性和各种趣味爱好，年轻人认为那是一个自由、享乐和社会进步的标志。服装更是冲破传统的限制和禁忌，款式推陈出新，迷你裙、喇叭裤、运动休闲宽松的牛仔裙和衬衫、衬衫裙、长马甲和无领无袖连衣裙等都成为当时流行的款式。异族风情、流苏、金属、口号标语、夸张的装饰等元素，凸显"反传统"风格与正统的女装风格在不断的抗衡，随后反主流的"嬉皮""朋克"式也影响着服装界。年轻、叛逆、中性、未来感成为这一时期的代名词（图1-6、图1-7）。

1890   1890-1910   1910   1920

1930   1920-1940   1940   1940-1950

图1-6　近现代服装款式的变化

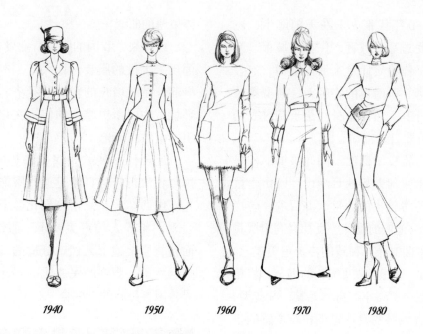

图 1-7 现代服装款式的变化（一）

20 世纪八九十年代是追求保守安定的年代，历经了 60 年代的激情、70 年代的动荡、反叛、挑衅，从极端的探索与革新转为实际与安稳的年代。80 年代是一个回归的年代。人们注重个人事业的成功与社会地位，讲究物质主义，从精神至上、意识形态主导的文化回归到现实主义，80 年代是一个巨大的转折。80 年代追求和平与反核武器是当时的主要思潮，人们都在找回自我、宣扬人性。受这一理念影响，服装在款式设计上有重大突破，许多另类、不合理元素被推陈出新，再次出现在流行的舞台上。在产品国际化、成衣化的影响下，设计师们在纷繁的社会中找到自己的位置，时尚潮流变得更加快速而多元化，个性化成为设计师与消费者共同追求的目标（图 1-8）。

图 1-8 现代服装款式的变化（二）

20世纪80年代雅皮士在美国诞生，主要的群体是受过高等教育、住在大城市、有专业能力、工作稳定而且生活很富裕、衣食住行追求名牌、赶时髦的年轻人。典型着装是宽垫肩的外套、短而紧身的裙子和讲究的衬衣，有时需要打领带。

同时期与雅皮士截然不同的服饰形象是当时活跃在世界时装界的日本设计师山本耀司和川保久玲等推出的令世人瞩目的"破烂式和乞丐装"。他们的设计一反社会高阶层贵族们崇尚的华丽高雅、精致的传统审美观念，而有意创造出"粗糙""寒酸"的细节，将粗糙的针脚、毛边、镂空等自然元素，其造型、款式细节都有独特的设计思维和新奇感的搭配手法。以川久保玲（Rei Kawakubo）为代表，她以"破烂式"的设计手法，运用不对称、曲面状的造型设计，色彩以神秘的黑色为主，这是对传统样式的颠覆和革命，是一种崭新的思维方式，也是一种全新的生活姿态，给当时的时装界投下了一枚"原子弹"，影响力席卷全球（图1-9）。

20世纪90年代追求的是自然中无拘无束的、惬意的、随意的美感，不再崇尚对人体束缚的曲线美感。

近年来，我国的服装行业发展日渐成熟，涌现了大批的服装设计人才，本土服装品牌崛起，持续增长的轻纺业经济、开放的政治环境、中国历史悠久的传统文化等因素，吸引了世界的目光。

近现代女装款式演变趋势的主要特征：国际化流行趋势日渐迅速，服饰风格的多元化、中西结合、元素跨界化、个性化，充分表现了年轻人的审美要求；服饰从色彩上、面料材质上追求天然、舒适的感受，充分体现自然美；服饰的民族化、多元化展现了世界各国各民族的大融合。

图1-9　川久保玲及她的"破烂式乞丐装"

第三节
女上装款式分类与穿着规范

女上装款式种类较多，且各款式的裁制与穿着规范各不相同，有必要对其进行分类与规范。

一、女上装的分类

1. 按轮廓外型分类（图1-10）

① 衬衫。穿在内外上衣之间、也可单独穿用。

② 大衣。其款式一般在腰部横向剪接，腰围合体，衣长至膝盖略下的日常生活用装。

③ 风衣。一种防风雨的薄型大衣，又称风雨衣。

④ 连衣裙。指上衣与裙子相连的服装。

⑤ 西服。西装是一种"舶来品"，广义上指西式服装。

⑥ 吊带背心。是一种吊带较窄的背心。和普通背心的主要区别在于其带的宽度，带宽的为背心，较窄的为吊带背心。

图 1-10　上衣按轮廓外型分类

2. 按服装材料分类（图 1-11）

① 呢大衣。一般好的呢料柔软光洁，有光滑油润的感觉。

② 毛衣。以机器或手工编织的棉线或毛线上衣。可分为棉衫和毛衫两大类。

③ 皮衣。采用动物皮，如牛皮、羊皮、蛇皮、鱼皮等动物皮，经过特定工艺加工成的皮革做成的衣服。

④ 羽绒服。内充羽绒填料的上衣，外形庞大圆润。

⑤ 牛仔衣。牛仔布料做成的衣服。

⑥ 皮草。指利用动物的皮毛所制成的服装。

3. 按用途分类

① 居家服。用于家务劳动、居家休息等私人生活时的室内穿便装。

② 休闲装。用于公共场合穿着的舒适、轻松、随意、时尚、富有个性的服装。

③ 职业装。指人们穿着的、具有时尚感和个性，又用于办公和各种社交场合的服装。

④ 社交礼服。指在正式社交场合所穿着，能够体现个人素养、社会属性的服装。

图1-11　上衣按材料分类

二、女上装的着装规范

女性着装应该遵循一定的原则和规范，在各种正式场合，注重个人着装能体现仪表美，体现其身份、风格与修养，增加交际魅力，给人留下良好的印象。从礼仪的角度看，着装不能简单地等同于穿衣，它是着装人基于自身的阅历修养、审美情趣、身材特点，根据不同的时间、场合、目的，力所能及地对所穿的服装进行精心的选择、搭配和组合。注重着装也是每个社会人的基本素养。

1. 着装基本原则

（1）时间原则

不同时段的着装规则对女士尤其重要。男士有一套质地上乘的深色西装或中山装足以包打天下，而女士的着装则要随时间而变换。白天工作时，女士应穿着正式套装，以体现专业性；晚上出席鸡尾酒会就须多加一些修饰，如换一双高跟鞋，戴上有光泽的配饰，围一条漂亮的丝巾；服装的选择还要适合季节气候特点，保持与潮流大势同步。

（2）场合原则

衣着要与场合协调。与顾客会谈、参加正式会议等，衣着应庄重考究；听音乐会或看芭蕾舞，则应按惯例着正装；出席正式宴会时，则应穿中国的传统旗袍或西方的长裙晚礼服；而在朋友聚会、郊游等场合，着装应轻便舒适。试想一下，如果大家都穿便装，你却穿礼服就有欠轻松；同样的，如果以便装出席正式宴会，不但是对宴会主人的不尊重，也会令自己颇觉尴尬。

（3）身份原则

在办公室，着装既要符合经济原则，又不会给人突兀感。与不同身份的人接触，要有相应的穿着搭配，既要考虑自己的身份，也要配合对方的身份，这样才有助于彼此的沟通。与性格开朗的人接触，宜穿颜色较鲜明的衣服；对方若是较保守严肃的人，则应穿颜色较低调、款式较保守的服装；与公司职位较高的人会晤，宜穿较老成的服装，表示成熟个性。

（4）年龄原则

12至17岁的少女装，款式造型以简洁及常用色调为宜；18至30岁的青年装，其款式造型以能突出优美身段，色彩紧扣流行色；31至50岁成熟女士，款式造型宜合体，稳重，要注重服装的品质；50岁以上的中老年女性，款式造型则以宽松舒适、简单实用为好。

2. 着装搭配技巧

（1）整体穿戴搭配技巧

无论是上班抑或普通上街的便服，都应以整齐清洁为基本要求，服装并非一定要高档华贵，但须保持清洁，并熨烫平整，穿起来大方得体，显得精神焕发。整洁并不完全为了自己，更是尊重他人的需要，这是良好仪态的第一要务（图1-12）。

（2）色彩搭配技巧

不同色彩会给人不同的感受，可以根据不同体型进行色彩的选择和搭配，如深色或冷色调的服装让人产生视觉上的收缩感，适合于偏胖的女性的，使之显得庄重，具有苗条感；而浅色或暖色调的服装会有扩张感，适合于偏瘦者，使人显得既丰满，有轻松活泼。衣不合身会给人留下可笑的印象，每个人均要明确自己体型的优点和缺点（图1-13）。

（3）整套搭配技巧

服装除正式主体服装外，还应与其配饰进行配套搭配，如与鞋、袜、围巾、腰饰、手套等巧妙搭配。如袜子以透明近似肤色或与服装颜色协调为好，带有大花纹的袜子不能登大雅之堂。正式、庄重的场合不宜穿凉鞋或靴子，黑色皮鞋是适用最广的，可以和任何服装相配。

（4）环境搭配技巧

着装技巧是懂得在什么场合穿什么服装。在日常工作中，衣服颜色以清淡为主，款式简单而整齐,给人亲切感。在喜庆场合，切忌用黑色为主色,白色亦不宜。在丧礼上，白和黑均宜，但须全套服装均一致的黑和白，可以点缀其他颜色的配饰，只要忌用

图1-12　着装搭配

红色即可。

（5）饰物点缀搭配技巧

巧妙地佩戴饰品能够起到画龙点睛的作用，给女士们增添色彩。但是佩戴的饰品不宜过多，否则会分散对方的注意力。佩戴饰品时，应尽量选择同一色系。佩戴首饰最关键的就是要与你的整体服饰搭配一致。

图 1-13　着装色彩搭配对比

第四节
女上装经典款解析

经典款式既承载了服装技术发展的历程，又是服装文化形态的体现，是人们在历史发展过程中所存在的对时代精神和物质载体相结合体现的代表性服装，同时，经典款式已成为现代设计师设计灵感的源泉。

一、迪奥（Dior）

迪奥先生于 1947 年推出首个"新风貌"系列作品，这种柔肩、束腰与大圆裙的组合，还有斜斜地遮着半只眼的帽子，带给女性一种全新的面貌，由此打破世界对优雅风范与内涵的传统定义。这一大胆率性而创意迸发的设计理念传承至今。这就是新风貌的影响及其成功所在。

继"新风貌"之后，迪奥每年都会创作出新的系列，每个系列都具有新的意味，其中大多数是优美曲线的发展。20 世纪 50 年代迪奥又推出了 H 型服装，其不强调胸、腰、臀三围曲线，整体呈外观字母 H 型。

1955 年春，迪奥发布了又一重要设计"A 形线"造型，这个设计收肩的幅度和放宽的裙子下摆，形成与埃菲尔铁塔相似的"A"字形轮廓，完成从细腰丰臀到松腰的几何形造型的飞跃。无论是"新风貌"还是"A 形线"，迪奥都是从整体设计入手，并始终保持着自己的风格，塑造了典雅的女性形象。

1963 年，马克·博昂（Marc Bohan）设计的迪奥时装，款式上采用优雅的弧线、略微收腰的剪裁，双排扣装饰，给人以稳定、优雅、柔和的感受。因此赢得了众多名流的青睐，伊丽莎白·泰勒（Elizabeth Taylor）、索菲娅·罗兰（Sophia Loren）、格蕾丝·凯利（Grace Kelly）都是他的忠实客户（图 1-14）。

与 20 世纪 90 年代的迪奥不同，2008 秋冬季 Galliano 抛去了那些叛逆不羁的色彩，有意将迪奥回归到最初经典和雍容华贵的色彩。通过近几季迪奥的发布秀场，我们可以看到，约翰·加里亚诺（John Galliano）早已开始将迪奥时尚路线回归到其最初的大气和优雅，女人味儿十足的设计。不管是有如建筑结构的腰部所有层次的堆叠设计细节，还是大气而又夸张有形的领口处理，夸张的色彩，以及那独具特色的妆容，都完完全全的只属于迪奥（图 1-15）。

图 1-14　迪奥 1947 年、1955 年、1963 年作品

图 1-15　迪奥的 20 世纪 90 年代作品与近期作品的对比

二、亚历山大·麦昆（Alexander McQueen）

亚历山大·麦昆是英国著名的服装设计师，一生得过四次"英国年度最佳设计师"的荣誉，被认为是英国的时尚教父。曾获取大不列颠国司令勋章，被时尚界称为"可怕顽童""英国时尚界流氓"（图1-16）。

亚历山大·麦昆有独特的才华天赋，他的作品注重戏剧性和天马行空的创意，麦昆的设计，把梦幻与现实、保守与放荡、传统与禁忌融合在一起。使你从中能感受到其充满强烈的舞台张力。麦昆的这些奇思妙想为整个服装界带来了新思维和新局面。

麦昆复古设计作品，从过去吸取灵感，并大胆地对设计灵感加以"破坏"和"否定"，从而创造出一个全新意念，一个具有时代气息的意念，呈现出令人耳目一新的复古设计。图1-17中飞翔的羽翼，衬托出宽阔的肩部造型，褶皱的丝质材料塑造出纤细的腰部曲线，银灰的运用增添轻盈。

从麦昆天马行空的设计作品中常可以看到街头文化的影子、朋克的穿着方式。从Savile Row处学到的正统裁缝技术，使麦昆娴熟地运用协调与平衡的设计技巧，创造了新奇造型的成衣。

将朋克风格引入高级礼服设计中，在反差中得到协调和统一的视觉审美形式，麦昆总能将两极的元素融入一件作品之中，比如柔弱与强力、传统与现代、严谨与变化等，切致的英式定制剪裁、精湛的法国高级时装工艺和完美的意大利手工制作都能在其作品中得以体现。麦昆总能把朋克风格和不可思议的创意表现得淋漓尽致（图1-18）。

三、范思哲（Versace）

范思哲品牌的创办人Gianni Versace，被称为"时装界凯撒大帝"。他在迈阿密建造起自己奢华的"王宫"，成为好莱坞巨星聚集之地，从而在时尚界出尽风头。他是意大利人，具有强烈的家族使命感，范思哲品牌也代表着范思哲整个家族。在他死后由他的妹妹唐娜泰拉·范思哲（Donatella Versace）接替了范思哲品牌，并负责服装设计。

范思哲的设计充满了贵族的华丽，风格鲜明、个性突出，体现女性妖娆的体态。常运用斜裁的方式巧妙结合生硬的几何线条与柔和的身体曲线，色彩运用大胆，对比性强，以各种类型的线条表达属于女性的特殊的曲线美。

图1-16　亚历山大·麦昆及其设计

图 1-17　亚历山大·麦昆的作品（一）

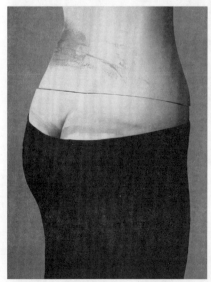

图 1-18　亚历山大·麦昆的作品（二）

图 1-19　范思哲的作品（一）

范思哲将波普艺术作品融入女性服装设计中,让原本呆板严肃的服装造型呈现出怪诞趣味感(图 1-19、图 1-20)。范思哲的设计作品带有强烈的设计元素对比和颠覆性的设计思维表达,强调洒脱与性感,善于多色组合,色彩搭配杂而不乱,具有文艺复兴时期服装的华丽美感(图 1-21)。

范思哲妹妹执掌后,摒弃了原有的追求差异性、夸张个性的元素,保留了以线条为主的设计,增添了更多优雅的元素和不对称的均衡设计。

她擅长以不同风格、不同的元素来展现服装的语言。她的设计更加强调女性的身体曲线,经典的西装款式搭配不对称的长裙,一侧露出腿部,展现女性的性感曲线,内搭超短黑色打底衫,露出一部分腰节,打破了整体黑色装束的同时,隐约透露出女性的性感部位,蕴含着一种低调的性感(图 1-22)。

图 1-20 范思哲的作品(二)

图 1-21 范思哲的作品(三)

图 1-22 范思哲的作品（四）

四、詹弗兰科·费雷（Gianfranco Ferre）

詹弗兰科·费雷被服装界称为"造型美天才""服装界的建筑师"。他对线条的把控恰如其分，精巧的手工与独特的立体结构，简洁而突出线条感，是极简主义与现代派的综合体（图 1-23）。

费雷的服装理念为服装是由符号、形态、颜色和材质等语言表达出来的综合印象感觉，服装寻求创新和传统的和谐统一。

费雷的设计简洁明了，又不缺少细节，主要运用线条去强调主体设计元素，细节之处耐人寻味，他的理念是即使再复杂，看上去也很简单。他将自己的建筑风格元素贯彻始终，把服装当做是建筑造型来进行设计，因此他的设计中总是带有建筑雄伟的气势感，造型棱角分明，体积感强，这一特点使他在服装界独树一帜。

图 1-23 詹弗兰科·费雷的作品（一）

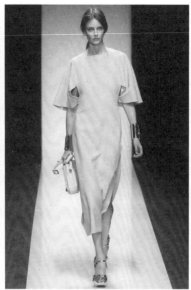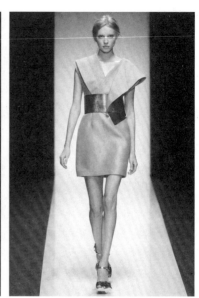

图 1-24　詹弗兰科·费雷的作品（二）

费雷基于对建筑的了解和对于材质面料与服装结构精准的把握，他的设计总给人简洁、大气的视觉感受。设计元素常为戏剧、摇滚、骑士、绅士等，融入了大量的中性元素，让女性的穿着更加的独立自信。

五、乔治·阿玛尼(Giorgio Armani)

乔治·阿玛尼是 20 世纪 90 年代简约主义的代表人物，被称为"上衣之王"。他的设计遵循三个黄金原则：一是去掉任何不必要的东西；二是注重舒适；三是最华丽的东西实际上是最简单的。

阿玛尼引导女装迈向中性化风格的设计师之一，将男装的裁剪手法运用到女装当中，强调舒适性、高雅、简洁、庄重、潇洒的服装风格，满足了现代多元化发展的要求。

图 1-25 是阿玛尼 20 世纪 80 年代的经典款式，采用的是传统西装的样式，在领带、外套造型做了一定的夸张手法，渗透着中性注意的设计理念。图 1-26 是现代作品，从整体造型与结构上没有太大的过多的变化，主要是从面料材质、流行色彩、局部设计上发生细节变化，搭配方式随着现代人的审美做

图 1-25　阿玛尼 20 世纪 80 年代作品　　　图 1-26　阿玛尼现代作品　　　图 1-27　阿玛尼 2015 年作品

出了一定的调整。

低调、优雅的简洁美是阿玛尼设计作品的特点，图1-27是2015年的服装款式，没有明显的时代印记，追求优雅时尚之间的平衡。在服装界，阿玛尼不仅仅是一个服装品牌，还代表至高的品质、卓越的技艺和工匠精神。

六、香奈儿（Chanel）

"香奈儿代表的是一种风格、一种历久弥新的独特风格"，崇尚简洁之美，简洁与特久的创新力是香奈儿一直保持的理念。

香奈儿倡导的H型廓型女装成为20世纪20年代的主流风尚，打破了高级成衣传统款式的概念，同时也打破了区分男女服装材料的界限，她将男装的元素与面料运用到女装中去，山茶花、菱形格纹等都常常出现在她的设计中（图1-28）。两件式斜纹软呢套装是香奈儿中永恒的经典，且沿袭至今（图1-29）。

1983年，卡尔·拉格菲尔德（Karl Lagerfeld）担任香奈儿的总设计师，他承袭了香奈儿的设计理念，并将香奈儿推向另一个高峰。图1-30为香奈儿2019春夏T台上

图1-28 香奈儿

的格呢外套。

卡尔常以全新的词语诠释香奈儿外套的剪裁：或短或长，或合身或宽松。他不断颠覆香奈儿的传统，更加彰显、丰富其元素，但依然保有香奈儿外套独特的风格。

图1-29 香奈儿作品（一）

图1-30 香奈儿作品（二）

第五节
女上装流行款赏析

　　流行是一种普遍的社会心理现象，指社会上一段时间内出现的或某权威性人物倡导的事物、观念、行为方式等被人们接受、采用，进而迅速推广直至消失的过程，又称时尚。流行的事物、观念、行为方式等不一定是新出现的，有的可以是在以前就出现或已经流行过的，在新的一段时间又流行起来。流行是一个很广义的词，它可以改变我们的生活习惯。流行对服装而言，可以是廓型的流行，也可以是服装各局部或色彩的流行。

　　流行的特征如下：入时性。人们对新出现的流行总感到新奇，认为流行是突出个人特点的一种表现；消费性。流行是对财富的一种享受和消费；周期性。流行从形成到消失的时间较短，但在消失之后的若干时期，又会周而复始地出现；选择性。流行由人们自由选择，不具有强制力。

1. 衬衣款连衣裙

　　衬衣款连衣裙已成为大多女性衣橱中不可缺少的服装，是衬衣与裙子结合的产物，其特点是端庄而又不失活泼的动感。在其基础上加以变化，随着流行的变化，领尖长短、翻面宽窄会产生不同的变化；衬衫裙的裙身宽窄变化，适应的人群范围也会相对扩大；裙摆的大小、不规则变化能使款式的层次增加，加上皮带的装饰能充分表现出女性婀娜多姿的美态（图1-31）。

　　衬衣款连衣裙的款式变化繁多、适用面料广泛，根据不同的材质能形成不同的服装风格，从而满足广大消费者的需求，是春夏款不可缺少的服装品类。

2. 小礼服连衣裙

　　该款式是衬衣款与小礼服连衣裙款的结合，运用了衬衣的领子、夸张了衬衣的肩部、收腰塑形和具有造型感的花苞裙，使整个造型具有节奏感和张力。面料上，领子和肩袖部分采用了通透性面料，隐约显露出女性的肩部、手臂的轮廓，知性中又带有一些柔美的性感；裙身部分采用了挺括的细条纹小波点面料，细条纹产生一定的肌理感，小波点的装饰让整体服装中产生了一丝可爱俏皮的味道；色彩上采用了裸色和白色的弱对比组合，因此在腰间添加了一根银色的腰带，作为画龙点睛之笔，提升了整个造型的形式美感（图1-32）。

图1-31　衬衣款连衣裙

图1-32　小礼服连衣裙

3. 休闲西装

现代的职场女性更喜欢选择休闲类西装款式，2019春夏长款休闲西装与西裤的搭配，大气而干练，细竖条纹面料让整个造型看起来更加精神奕奕，身形也越加修长；抹胸款内搭在腰间系带，长带绑系垂至大腿，遮掩住了肚脐和大部分的腰部，只裸露一丝皮肤，让性感在职业休闲搭配的造型中有了生存的空间；在领子、驳头、腰带等部位添加了黑色滚边，强调内部结构的线条，让整个服装的骨骼明确，英气十足（图1-33）。

4. 休闲夹克

休闲夹克款是大众经典流行款式，图1-34为Chloé（蔻依）2020春夏系列款式，翻领、宽肩、短款设计，运用夹克经典的口袋设计，明缉线装饰，强调服装的结构造型，将夹克阳刚的廓形与女性的柔美进行对比。宽大的版型，精致的裁剪工艺，复古的服饰配件，凸显休闲典雅的风格，怀旧而经典。

5. 时尚大衣

在寒冷的冬天，也要寻找优雅的装扮，大衣款是寒冬的宠儿，保暖、收身、舒适，能够给人大气、挺括、气质型的视觉感受。2019年大衣款型宽松，摆脱了传统双排扣、西装领、修身的固有造型，向多元化风格转变（图1-35）。款式造型宽大，连身袖对肩部的约束减少，使穿着感受更加轻松休闲；腰间抽绳，从视觉上让整个造型产生了疏与密、收与放、宽与窄的变化，从舒适度上，让穿着者有调控的空间；款式大身部分属于长款，在侧边开衩，使活动更加灵活，服装搭配效果更加活泼；大大的口袋与整体的款式相配比，让整个造型透露着优雅、大气又具有女性柔美感。

图1-36~图1-41为部分流行女上装款式。

图 1-33　休闲西服

图 1-34　休闲夹克

图 1-35　时尚大衣

图 1-36　衬衣款式的结构设计变化

图 1-37　连衣裙主流风格

图 1-38　机车夹克的设计要素

图 1-39　风衣的款式细节设计

图 1-40　牛仔夹克款式变化与装饰元素

图 1-41　街拍生活搭配

思考题：

1. 任选某设计师的经典款式，进行款式、结构、版型、工艺特点分析，完成分析报告。

2. 任选某时代流行的女大衣、风衣进行款式结构，版型，工艺特点分析，完成分析报告。

第二章
女上装衣身版型设计

本章要点

  东华原型及日本新文化式原型，是指以人体参考尺寸为依据，加上适度的松量制作出的一个服装平面结构的基本型，是具有一定人体机能性要求的服装结构基本型。服装原型是制作各种服装结构纸样的基础。只有通过对服装原型的应用，才可以进行各种服装结构纸样的制作及原理设计与变化，学习者重点是要掌握原型与人体的对应关系，及原型省的设置与前后衣身浮余量关系。

第一节
原型的版型种类

一、原型的版型分类方法

根据原型的不同内涵，版型的分类方法如下：

1. 按覆盖部位的不同分类

一件立体裁剪的服装，需要通过不同的部位缝合而成，这些部位都对应有各自的纸样。由此可以将原型分为上半身、下半身和上肢用原型，并根据不同的设计，在分类原型的基础上绘制纸样。上半身用的原型被称为上半身原型或衣身原型。下半身用的原型则称为裙原型或裤原型，目前以直筒裤纸样作为裤原型的情况较多。此外，也有覆盖整个躯干的连身式原型。上肢用的原型被称为袖原型。另外，还有针对领子制图的立领原型。

2. 按年龄和性别的不同分类

由于年龄、性别等影响因素，人体各部位的长度或形态会各不相同。原型主要包括幼儿、少男、少女原型（儿童原型）、成人女子原型和成人男子原型，制图过程中需要利用几个相关的身体测量尺寸。对于企业来说，不同的品牌会根据销售对象的中心尺寸形成平均身体比例的人台。因此，对于企业来说，需要解决的并非是原型如何制图的问题，而是如何使原型的形态适合更多消费群的问题。

3. 按服装种类的不同分类

服装教学环节中，通常会利用同一个原型，根据着装状态和面料厚度的不同，分别加入不同的松量来绘制外套、大衣和西装等不同的服装。对于企业来说，除了上述方法外，更多的情况下是先考虑到面料的额厚度等影响因素。形成外套用、西装用和大衣用不同的分类原型。

4. 按松量构成的不同分类

按松量构成的不同，原型分为紧身原型和松身原型。教学环节和成衣生产中使用的原型，从加入适当松量的半紧身原型到松身型，存在着多种松量构成形式。而对于高级定制的服装来说，通常会首先只针对个人的紧身原型，然后依据不同的设计加入不同的松量。

除此之外，原型按制图方法的不同也可以分为三类：胸度式作图法，短寸式作图法以及并用法。这三者中应用最广泛的是胸度式作图法，东华原型及日本文化式原型就是在此基础上发展演变而来的。

二、东华原型结构设计

东华原型是东华大学服装学院在对大量女体计测的基础上，得到各计测部位数据的均值及人体细部与身高、净胸围的回归关系，并在此基础上建立标准人台，通过在标准人台上按箱形原型的制图方法作出原型布样，将人体细部与身高、净胸围的关系进行简化，作为平面作图公式制订而成的梯形—箱形原型。

1. 制图及步骤

见表 2-1。

表 2-1　制图规格　　　　　　　　　　　　　　　单位：cm

部　位	前衣片	后衣片
腰节长	后腰节+2	0.5h+13.5=37.5
胸围	(净B+12)/4=24	（净B+12）/4=24
横开领	净B/20+2.5-0.2=6.5	净B/20+2.5=6.7
直开领	净B/20+2.5+0.5=7.2	（净B/20+2.5)/3=2.23
前后腰节差	净B/4=2.1	/
袖窿深	0.1h+8=24	/
胸（背）宽	0.13净B+5.8=16.72	0.13净B+7=17.92
肩倾斜度	22°（8:3.2）	18°（8:2.6）
前后冲肩	2.0	1.5
浮起余量	净B/40+2=4.1	净B/40-0.6=1.5
BP点	中心外偏0.7（0.1净B+0.5）	

2. 东华原型衣身结构设计

如图 2-1、图 2-2 所示。

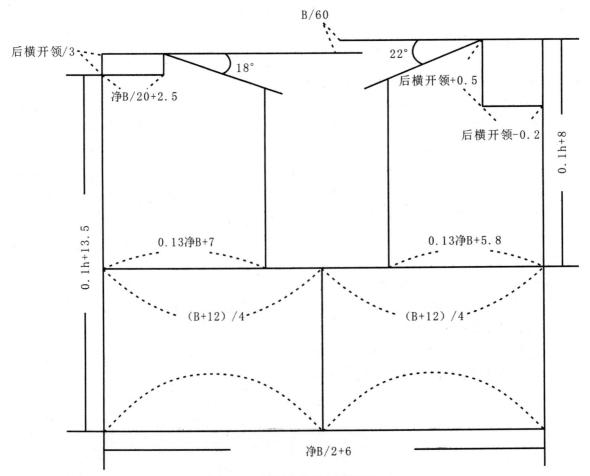

图 2-1　东华原型前后衣身基础图

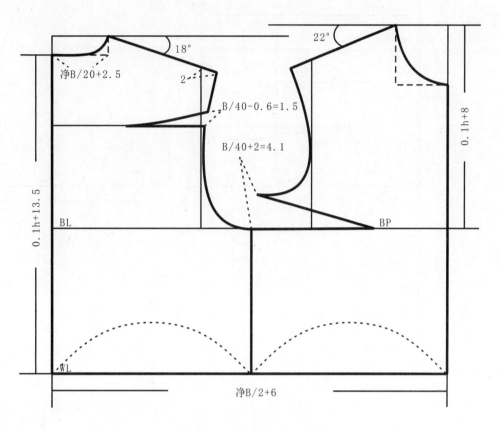

图2-2　东华原型前后衣身省

三、日本新文化式原型制图

（一）原型概述

原型是制作服装的基本型，是最简单的服装样版。成年女子衣身原型从形态上来分类，大致可分为合体型（为了吻合腰部尺寸，加入了腰省的原型）、肥大宽松型（从胸围线到腰围线是直线外轮廓的原型）、紧身型（从胸围到臀围将身体裹住的原型）。可以利用原型来制作服装，首先要选择合体的原型作为基础，然后根据款式确定宽松量的大小，根据款式造型在原型基础上加放、推移。

文化式原型是以成年人（18至24岁）的标准型（胸围80～89cm）为中心而筛选

出来的，是符合人体自然形态的合体型原型。穿着时腰围线是作为人体水平的基础，袖子是直筒外轮廓，丝缕方向为直纱。

（二）新文化原型结构图

原型的基本尺寸为胸围=83cm，腰围=64cm，背长38cm，袖长=52cm。

1.衣身原型制图

将立裁原型衣进行修正后取下拓板，测量出各部位的尺寸，并且按照比例得出各部位的计算公式，然后用这些公式及尺寸作出的平面图形即是原型的结构图。衣身原型的整个制图过程主要依据胸围和背长完成的（图2-3）。

画基础线。按照图中所标示的顺序正确作图。

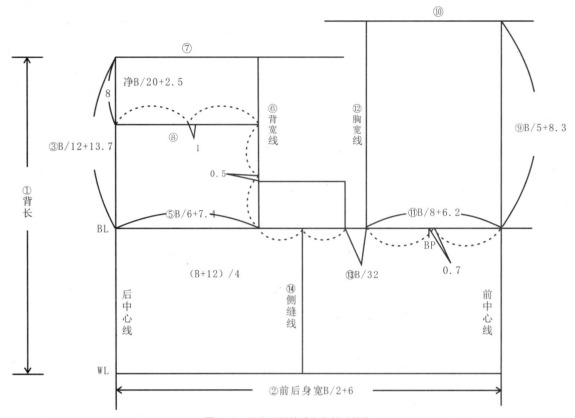

图2-3　日本原型前后衣身基础结构

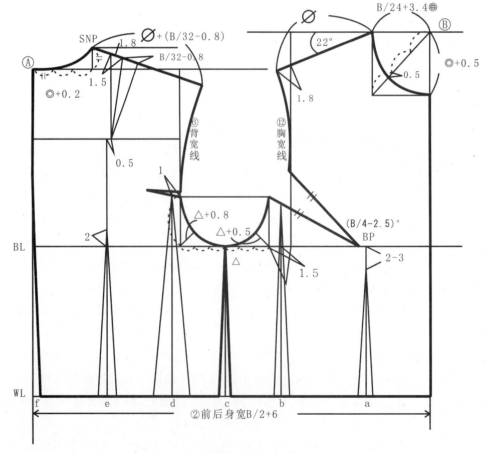

图2-4　日本原型前后衣身省的比例

画外轮廓线。关键在前后肩斜线、肩省、胸省、前后领圈弧线、前后袖隆弧线的确定以及腰省的分配。

总省量＝（B/2+6）－（W/2+3），如图 2-4 所示。参照表见表 2-2、表 2-3。

① 前后肩斜的确定。

前肩斜线。前肩斜角度为 22°。不用量角器时可以按照 8∶3.2 量出前肩斜，从 SNP 向左画水平线并取 8cm，垂直往下量 3.2cm，连接两点并延长至胸宽线超出 1.8cm 为前肩斜线长。

后肩斜线。后肩斜角度为 18°。可以按照 8∶2.6 量出后肩斜。从 SNP 向右画水平取 8cm，然后垂直向下 2.6cm，连接两点并延长为后肩斜线长，后肩斜线长度为前肩斜长加上肩省量。

② 肩省的确定。

肩省的省尖点。在背宽线的中点右偏 1cm。

肩省省线位置。过省尖点向上做垂线相交于后肩斜线，沿着肩斜线右偏 1.5cm。

肩省量的大小。可以按照公式 B/32-0.8 来确定。

③ 胸省的确定。

前片胸省的省尖点在 BP 点上。

胸省夹角为（B/4-2.5）°，并且两省线相等，不用量角器时可以按公式 B/12-3.2 计算出胸省量的大小。

④ 腰省的确定。

各省的量是相对总省量的比例来计算的。

总省量为加入放松量之后胸腰的差量，总省量＝（B/2+6）－（W/2+3）。

表 2-2　胸省量参照表　　　　　　　　　　　　　单位：cm

胸围	77	78	79	80	81	82	83	84	85	86	87	88	89	90
胸省量	3.2	3.3	3.4	3.5	3.6	3.6	3.7	3.8	3.9	4.0	4.1	4.1	4.2	4.3

胸围	91	92	93	94	95	96	97	98	99	100	101	102	103	104
胸省量	4.4	4.5	4.6	4.6	4.7	4.8	4.9	5.0	5.1	5.1	5.2	5.3	5.4	5.5

表 2-3　原型省量比例计算参照表　　　　　　　　　单位：cm

总省量	f（后中省）	e	d	c	b	a（前胸腰省）
100%	7%	18%	35%	11%	15%	14%
9	0.630	1.620	3.150	0.990	1.350	1.260
10	0.700	1.800	3.500	1.100	1.500	1.400
11	0.770	1.980	3.850	1.210	1.650	1.540
12	0.840	2.160	4.200	1.320	1.800	1.680
12.5	0.875	2.250	4.375	1.375	1.875	1.750
13	0.910	2.340	4.550	1.430	1.950	1.820
14	0.980	2.520	4.900	1.540	2.100	1.960
15	1.050	2.700	5.250	1.650	2.250	2.100

2.袖原型

袖原型按照衣身原型的袖窿尺寸（AH）和袖窿形状来作图。

在做袖原型前必须首先先将原型中前片的胸省合并，使袖窿弧线圆顺，并定出袖山高，如图2-5所示。

袖山高的确定是从合并胸省后的前后片肩端点垂直距离的中点至胸围线（BL）之间距离的5/6。

袖原型结构线（关键在袖肥、袖山弧线、袖长、袖肘线的确定），如图2-6所示。

袖片对位点的确定，如图2-7所示。

各部位尺寸参照见表2-4。

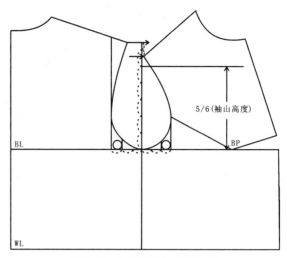

图2-5　日本原型袖山高度比例

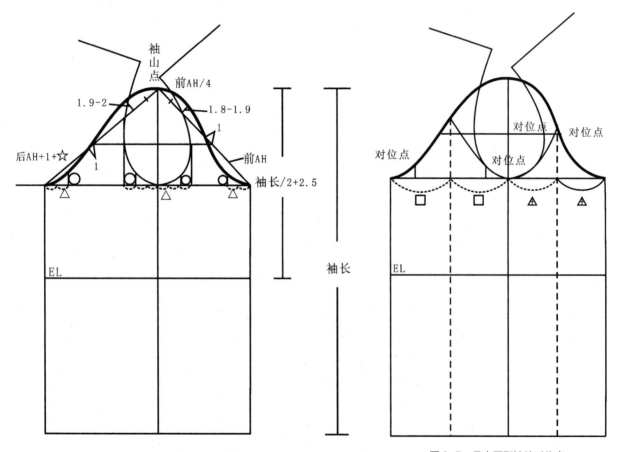

图2-6　日本原型配袖结构

图2-7　日本原型袖片对位点

表2-4　各部位尺寸参照表　　　　　　　　　　　　　　　单位：cm

B	肩宽 B/2+6	~BL B/12+13.7	背宽 B/8+7.4	BL~ B/5+8.3	胸宽 B/8+6.2	B/32 B/32	前领宽 B/24+3.4=◎	前领 ◎+0.5	胸省 （B/4-2.5）°	后领宽 ◎+0.2	后肩省 B/32-0.8	★ ★
77	44.5	20.1	17.0	23.7	15.8	2.4	6.6	7.1	16.8	6.8	1.6	0.0
78	45.0	20.2	17.2	23.9	16.0	2.4	6.7	7.2	17.0	6.9	1.6	0.0
79	45.5	20.3	17.3	24.1	16.1	2.5	6.7	7.2	17.3	6.9	1.7	0.0
80	46.0	20.4	17.4	24.3	16.2	2.5	6.7	7.2	17.5	6.9	1.7	0.0
81	46.5	20.5	17.5	24.5	16.3	2.5	6.8	7.3	17.8	7.0	1.7	0.0
82	47.0	20.5	17.7	24.7	16.5	2.6	6.8	7.3	18.0	7.0	1.8	0.0
83	47.5	20.6	17.8	24.9	16.6	2.6	6.9	7.4	18.3	7.1	1.8	0.0
84	48.o	20.7	17.9	25.1	16.7	2.6	6.9	7.4	18.5	7.1	1.8	0.0
85	48.5	20.8	18.0	25.3	16.8	2.7	6.9	7.4	18.8	7.1	1.9	0.1
86	49.0	20.9	18.2	25.5	17.0	2.7	7.0	7.5	19.0	7.2	1.9	0.1
87	49.5	21.0	18.3	25.7	17.1	2.7	7.0	7.5	19.3	7.2	1.9	0.1
88	50.0	21.0	18.4	25.9	17.2	2.8	7.1	7.6	19.5	7.3	2.0	0.1
89	50.5	21.1	18.5	26.1	17.3	2.8	7.1	7.6	19.8	7.3	2.0	0.1
90	51.0	21.2	18.7	26.3	17.5	2.8	7.2	7.7	20.0	7.4	2.0	0.2
91	51.5	21.3	18.8	26.5	17.6	2.8	7.2	7.7	20.3	7.4	2.0	0.2
92	52.0	21.4	18.9	26.7	17.7	2.9	7.2	7.7	20.5	7.4	2.1	0.2
93	52.5	21.5	19.0	26.9	17.8	2.9	7.3	7.8	20.8	7.5	2.1	0.2
94	53.0	21.5	19.2	27.1	18.0	2.9	7.3	7.8	21.0	7.5	2.1	0.2
95	53.5	21.6	19.3	27.3	18.1	3.0	7.4	7.9	21.3	7.6	2.2	0.3
96	54.0	21.7	19.4	27.5	18.2	3.0	7.4	7.9	21.5	7.6	2.2	0.3
97	54.5	21.8	19.5	27.7	18.3	3.0	7.4	7.9	21.8	7.6	2.2	0.3
98	55.0	21.9	19.7	27.9	18.5	3.1	7.5	8.0	22.0	7.7	2.3	0.3
99	55.5	20.0	19.8	28.1	18.6	3.1	7.5	8.0	22.3	7.7	2.3	0.3
100	56.0	22.0	19.9	28.3	18.7	3.1	7.6	8.1	22.5	7.8	2.3	0.4
101	56.5	22.1	20.0	28.5	18.8	3.2	7.6	8.1	22.8	7.8	2.4	0.4
102	57.0	22.2	20.2	28.7	19.0	3.2	7.7	8.2	23.0	7.9	2.4	0.4
103	57.5	22.3	20.3	28.9	19.1	3.3	7.7	8.2	23.5	7.9	2.4	0.4
104	58.0	22.4	20.4	29.1	19.2	3.3	7.7	8.2	23.5	7.9	2.5	0.4

第二节
衣身结构平衡

服装结构的平衡是指服装覆合于人体时外观形态处于平衡稳定的状态，包括构成服装几何形态的各类部件和部位的外观形态平衡、服装材料的缝制形态平衡。结构的平衡决定了服装的形态与人体准确吻合的程度以及它在人们视觉中的美感，因而是评价服装质量的重要依据。

一、衣身结构平衡种类

衣身结构平衡是指衣服在穿着状态中前后衣身在腰围线 (WL) 以上部位能保持平衡稳定的状态，表面无造型所产生的皱褶。根据前浮余量的消除方法不同，主要有以下三种形式：

1. 梯形平衡

将前衣身浮余量以下放的形式消除。此类平衡适用于宽腰服装，尤其是下摆量较大的风衣、大衣类服装。

2. 箱形平衡

将前衣身浮余量用省量 (对准 BP 或不对准 BP) 或工艺归拢的方法消除。此类平衡适用于卡腰服装，尤其是贴体风格服装。

3. 梯形 - 箱形平衡

将梯形平衡和箱形平衡相结合，即一部分前浮余量用下放形式处理，一部分前浮余量用收省 (对准 BP 或不对准 BP) 的形式处理。此类平衡适用于卡腰的较贴体或较宽松风格的服装。

在服装合体效果的前提下，由于服装纸样是不规则的几何图形，围绕省尖旋转的半径不同，省道经转移后，新省道的长度与原省道的长度也不同，但省道转移的角度不变，即每一方位的省角量 a 必须相等。但由于服装面料（材料）具有一定可塑性，故因材施宜，运用的技法也要结合人体灵活运用原型操作。

二、省的构成及位置

1. 省形成的原理

纵观人体的截面状态，人体是个复杂的立体，为了使服装合体、美观，就必须研究服装结构原理。在服装结构设计中，将平面的服装面料覆盖于人体曲面上，采用收省、打褶、抽褶等方法，用以消除平面到立体的转换，这就是省道的形成，省道是我们利用最多的技术手段。

女上装款型的变化非常丰富，主要是指前后衣结构的分割变化，为了使服装达到良好的立体合身效果，利用省道来完成是最常用的方法。我们知道女装主要体现女性身体曲线美，用平面布料包裹在人体上时，通常用收省来使之隆起形成锥面，并收掉多余部分使之达到合体效果。除此之外，还可以用褶裥，布料的伸缩等来完成。

凡是一端用缝线缉起来，另一端逐渐变小并消失，我们称之为省道。在女装结构制图中，胸省用的最多，围绕 BP(胸高点) 收的省，均可称之为胸省。从女性的生理构造看，成年女性乳房的位置、体积、形状都相对稳定、明显凸起呈球面状态 (图 2-8)。用平面的面料来包裹它的时候，四周都会产生余量，将

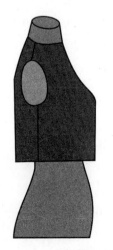

图 2-8   收省效果比较

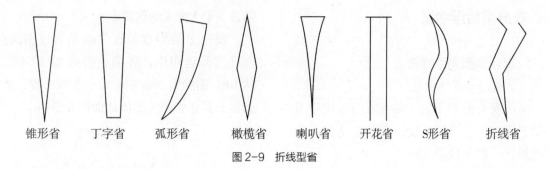

| 锥形省 | 丁字省 | 弧形省 | 橄榄省 | 喇叭省 | 开花省 | S形省 | 折线省 |

图2-9　折线型省

这些余量清除的方法之一就是做省。所有的省都是为了去除浮余量，使服装更加吻合人体，合体型女装中，对胸省的处理尤为重要。

2. 省道的分类

服装不同部位的省道，其所在位置和外观形态是不同的(图2-9)。分类方法也不同。

（1）按省道的形态分

① 锥形省。省形类似锥形。常用于制作圆锥形曲面，如腰省、袖肘省等。

② 丁字省。省形类似钉子形状的省道，上部较平，下部呈尖形。常用于表达肩部和胸部复杂形态的曲面，如肩省、领口省等。

③ 弧形省。省形为弧形状，省道有从上部至下部均匀变小及上部较平、下部呈尖形等形态，也是一种兼备装饰与功能的省道。

④ 橄榄省。省的形状为两端尖，中间宽，常用于上装的腰省。

⑤ 喇叭省。又叫做胖形省，省的形状似喇叭，常用于下装设计中。

⑥ 开花省。省道的一端为尖形，另一端为非固定形，或者两端都是非固定的开头花省。收省布料正面呈现镂空状，是一种兼具装饰性与功能性的省道。

⑦ S型省：外形似英文字母"S"，省的两端是尖形的。

⑧ 折线省：是一种分割线式的省道，构成省道的省边是折线形的。

（2）按省道在服装部位的名称分

① 肩省：省底在肩缝部位的省道，常作成丁字形。前衣身的肩省是为作出胸部的形态，后衣身的肩省是为作出肩胛骨形态（图2-10）。

② 领省：省底在领口部位的省道，常作成上大下小均匀变化的锥形。主要作用是作出胸部和背部的隆起形态，以及作了符合颈部形态的衣领设计。领省常代替肩省，因为它有隐藏的优点。

③ 袖窿省：省底在袖窿部位的省道，常作成锥形。前衣身的袖窿省作出胸部的形态，后衣身的袖窿省作出背部的形态，常以连省形式出现。

④ 腰省：省底在腰节部位的省道，常作成锥形。

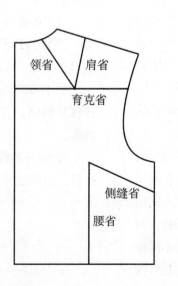
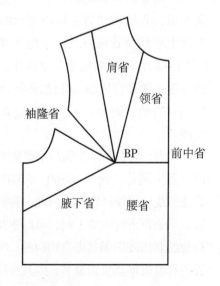

图2-10　衣身省名称

三、衣身前后浮余量

1. 前浮余量消除方法

（1）前浮余量下放

将前衣身原型下放，使前衣身原型腰节线低于后衣身原型腰节线，两者差 为前浮余下放量，一般下放量 <2 cm。

（2）前浮余量收省

将前后衣身腰节线放置在同一水平线，在袖窿处放置前浮余量，以省道形式消除。

（3）前浮余量转移

将前衣身原型少量下放，余下前浮余量在袖窿处，以省道形式消除。

（4）前浮余量浮于袖窿

当用上述浮余量的消除方法仍不能充分消除前浮余量时，可将前浮余量浮于袖窿，然后将前后袖窿画齐。这种浮于袖窿的前浮余量亦可用工艺方式通过缝缩处理进行消除。

2. 后浮余量消除方法

（1）后浮余量收省

将后浮余量用收肩省（对准背骨中心的任一方向的省）的方法消除。

（2）后浮余量肩缝缝缩

将后浮余量用肩部缝缩的形式（分散的肩省）的方法来消除。

3. 前后浮余量消除形式

采用省的转移消除前后浮余量。对于服装来说，省道的位置是可以变化的，在同一衣片上省的位置可以从一个地方移至另一处（图 2-11），不影响尺寸及适体性。这里所指的位置主要是身体凸起部位，如胸凸、肩胛凸、腹凸、臀凸、肘凸。上衣的关键在于胸凸的处理。

胸省的转移。由于胸凸主要集中在 BP 上，以凸点为圆心，向四周 360° 范围内引起的无数条射线均可设计省位。因此，胸省的不同位置，只是省道位置的不同，可以相互转移，而得到的立体效果仍是完全相同的，所处不同位置的省可根据其位置命名，但其实质都是对胸部实施造型，胸省的唯一变化都能给女装设计创造一个无穷大的款式库。

理论上的胸省和省尖必须通过胸高点，而在实际运用中，省尖点指向 BP 但不要到达 BP，需距离 3cm 左右以求美观文雅，适合胸部的真正状态（类似球面而非锥面）。

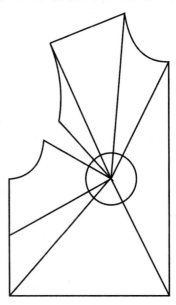

图 2-11   放射形分割

4. 前后浮余量的消除方法形式案例

（1）A 款

如图 2-12 所示。

步骤：

① 作领口至 BP 点的展开分割线，合并袖窿省至领省，使领口张开。

② 作肩缝造型分割线，将其扩展造型所需褶量。

（2）B 款

如图 2-13 所示。

步骤：

① 作侧缝分割线，使袖窿省和胸腰合并转移至侧缝，并确定肩至侧缝的纵向展开分割线。

② 将分割线之间的纸样剪开，扩展所需褶量，画顺展开后的分割线。

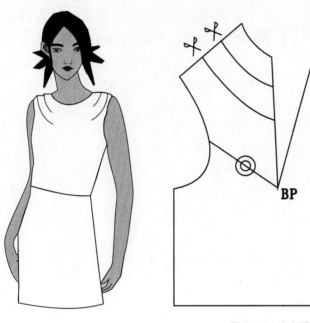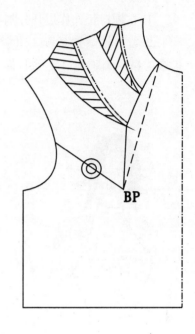

图2-12　肩省浮余量消除

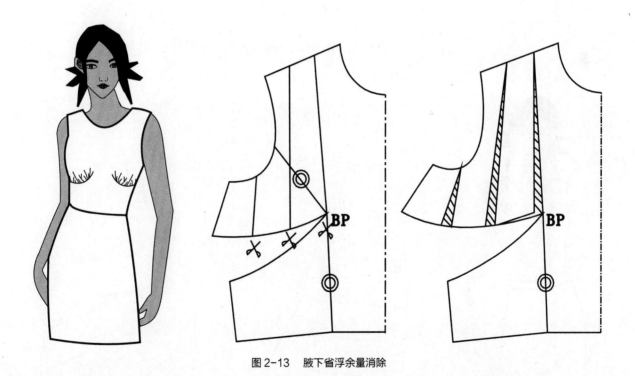

图2-13　腋下省浮余量消除

（3）C款

如图2-14所示。

步骤：

① 在领口弧作作展开分割线。

② 合并袖窿省至领口，使领口自然张开、扩展褶量，画顺领口展开弧线。

（4）D款

如图2-15所示。

步骤：

① 作肩至前中的造型分割线，合并袖窿省和胸腰省至肩部，并确定前侧片横向分割线。

② 将前侧片横向风分割线展开，在分割线扩展需要的褶量，并画顺展开后的弧线。

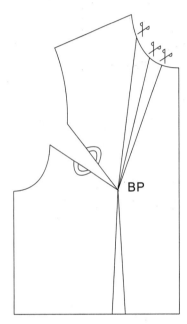
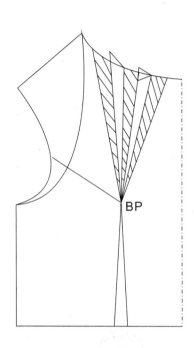

图2-14　领口省浮余量消除

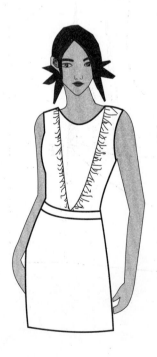
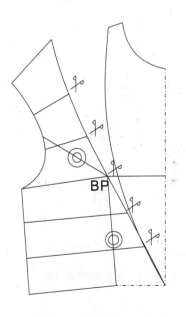
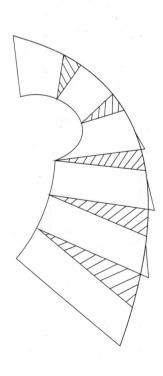

图2-15　肩省与胸腰省浮余量消除

（5）E 款

如图 2-16 所示。

步骤：

① 作好造型线及前中止口的展开分割线，合并袖窿省转移至胸腰省。

② 将前中止口分割线展开，使胸腰省量转移至前止口，并画顺前止口线。

（6）F 款

如图 2-17 所示。

步骤：

① 先作育克造型，关闭袖窿省。

② 将胸腰省总量的 2/3 转移至育克部位。

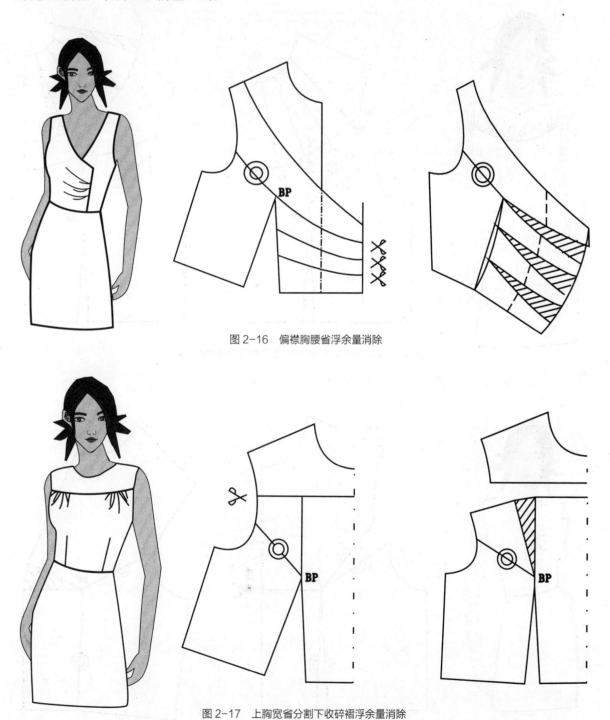

图 2-16　偏襟胸腰省浮余量消除

图 2-17　上胸宽省分割下收碎褶浮余量消除

（7）G款

如图2-18所示。

步骤：

① 作横向和纵向育克分割线。

② 合并袖隆省转移至BP上方，展开育克部分纵向分割线至所需的褶量，弧线画顺。

（8）H款

如图2-19所示。

步骤：

① 在前止口作展开分割线。

② 合并袖隆省和胸腰省转移至前中。

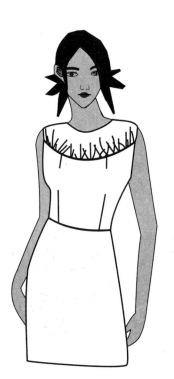
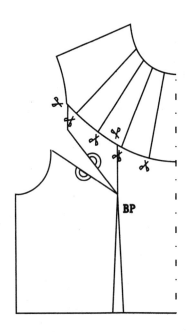
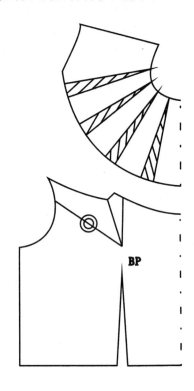

图2-18　上胸宽省弧线分割上收碎褶浮余量消除

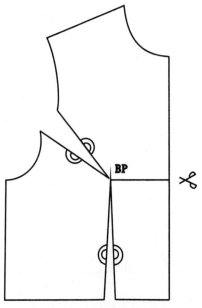
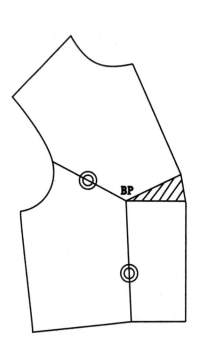

图2-19　前胸口省碎褶浮余量消除

第三节
分割线的设计结构变化

一、分割线造型图例

如图 2-20 所示。

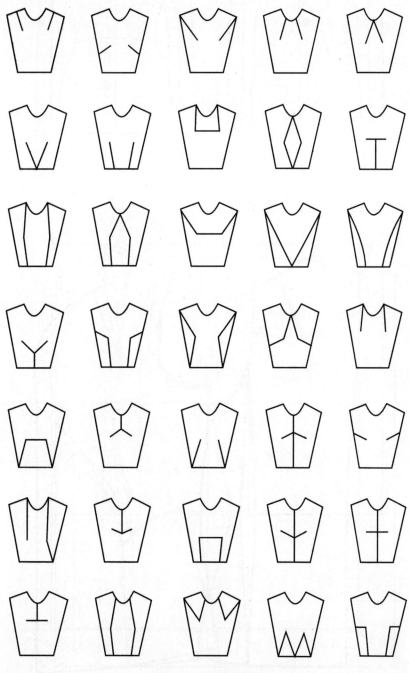

图 2-20 分割线造型图例

二、衣身分割比例设计

1.四分衣身

四分衣身款式图例1，如图2-21所示。

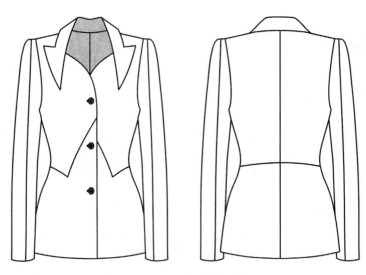

图2-21　四分衣身款式图例1

四分衣身结构图例1，如图2-22所示。

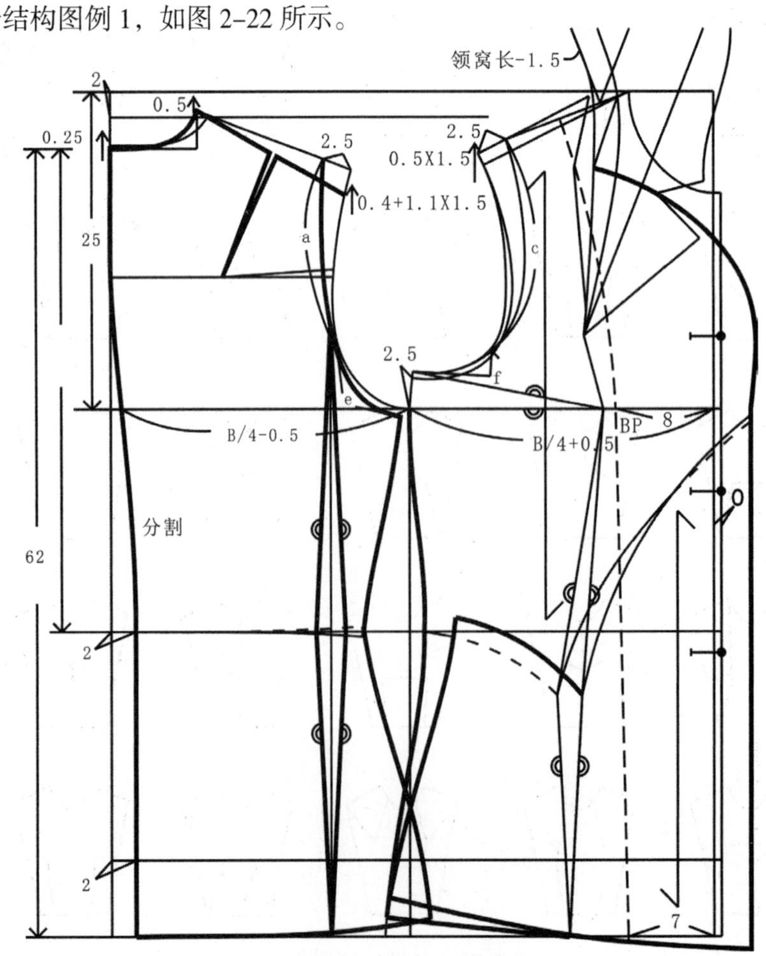

领窝长-1.5

2
0.5
0.25
2.5
2.5
0.5X1.5
0.4+1.1X1.5
25
a
c
2.5
f
e
B/4-0.5
B/4+0.5
BP
8
分割
62
2
2
7

图2-22　四分衣身结构图例1

四分衣身款式图例 2，如图 2-23 所示。

图 2-23　四分衣身款式图例 2

四分衣身结构图例 2，如图 2-24 所示。

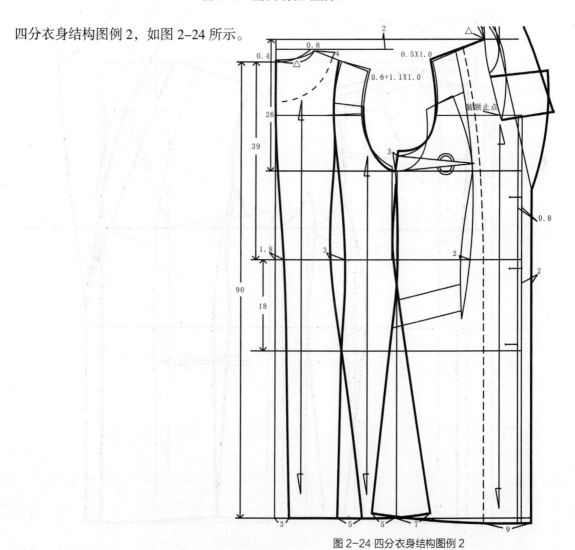

图 2-24 四分衣身结构图例 2

2. 三分衣身

三分衣身例 1 款式图，如图 2-25 所示。

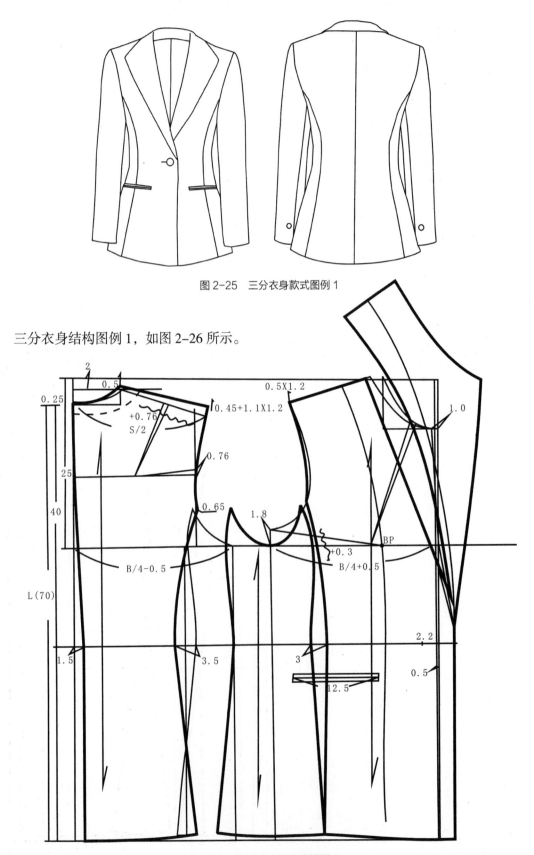

图 2-25　三分衣身款式图例 1

三分衣身结构图例 1，如图 2-26 所示。

图 2-26　三分衣身结构图例 1

三分衣身款式图例 2，如图 2-27 所示。

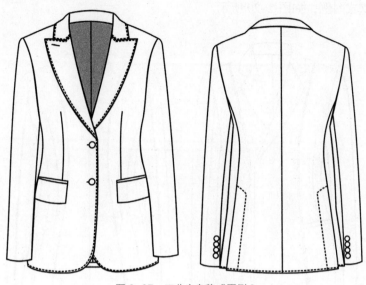

图 2-27　三分衣身款式图例 2

三分衣身结构图例 2，如图 2-28 所示。

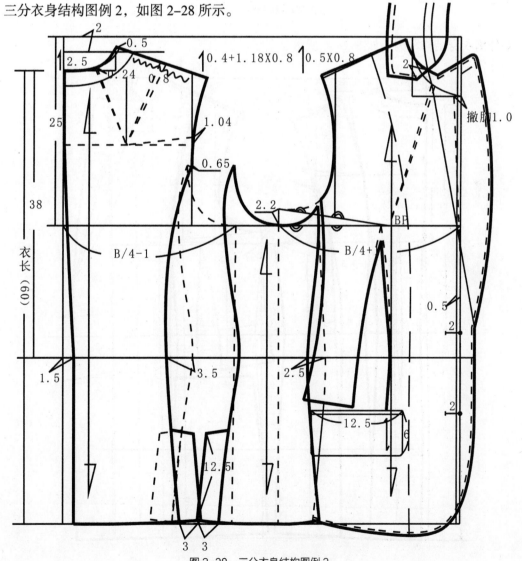

图 2-28　三分衣身结构图例 2

3. 多分割衣身

多分割衣身款式图例，如图 2-29 所示。

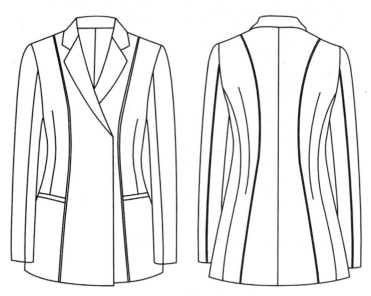

图 2-29　多分割衣身款式图例

多分割衣身结构图例，如图 2-30 所示。

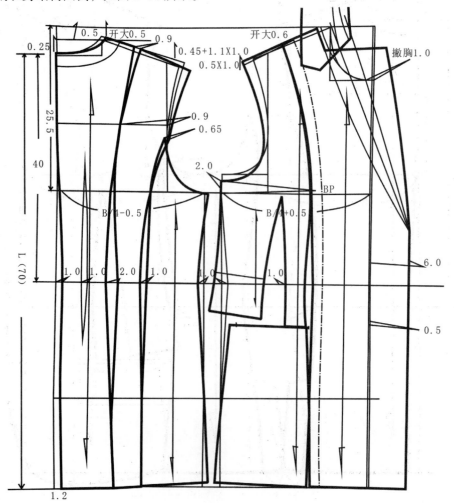

图 2-30　多分割衣身结构图例

4. 八分衣身款式

八分衣身款式图例 1，如图 2-31 所示。

图 2-31 八分衣身款式图例 1

八分衣身结构图例 1，如图 2-32 所示。

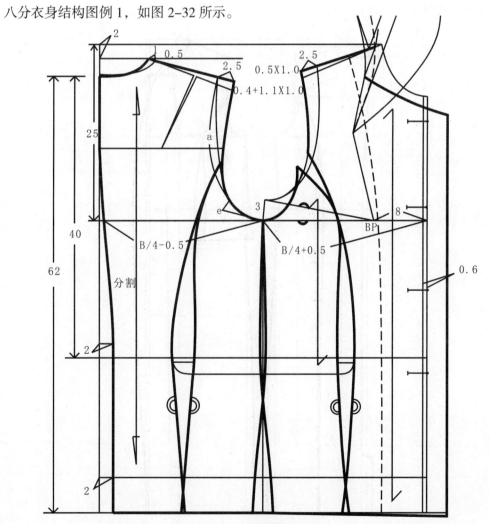

图 2-32 八分衣身结构图例 1

八分衣身款式图例2，如图2-33所示。

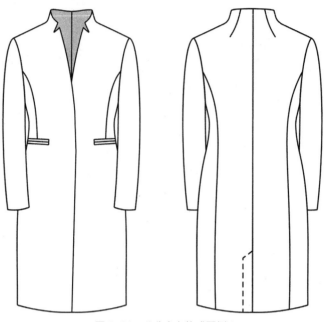

图2-33　八分衣身款式图例2

八分衣身结构图例2，如图2-34所示。

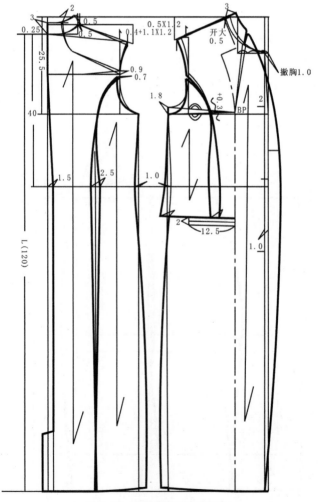

图2-34　八分衣身结构图例2

思考题

1. 服装平面构成的方法有哪些?
2. 浮余量的定义与消除方法。
3. 上身衣身原型的种类及相互关系。
4. 原型与人体的比例关系?
5. 梯形原型的结构特点?
6. 原型的应用方法分析。
7. 省的转移原理?
8. 东华原型结构及应用。

第三章
女上装衣领版型设计

本章要点

　　掌握领子的结构种类和基础领窝结构，以无领基本型结构实例，应用立领、翻折领的设计要素、了解结构制图方法并进行实例分析。

衣领结构由领窝和领身两部分组成，其中大部分衣领的结构包括领窝、领身两部分，少数衣领只有领窝而无领身部分。衣领的结构，不仅要考虑衣领与人体颈部形态及运动的关系，还要考虑设计所要表现出来的形式与服装的整体风格相统一。

第一节
翻折领结构变化

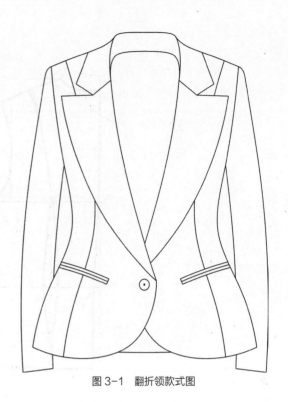

图3-1　翻折领款式图

翻折领结构涉及三个元素：领座侧面与水平线的夹角α，领座高 a 与领面宽 b 及翻折线形状。这三个元素的变化、分割影响到翻折领的造型和结构形状（图3-1）。

成衣规格表见表3-1。

表3-1　成衣规格表　　　　　　　　　　　　　单位：cm

部位 / 部位代码 / 尺码代号 / 号型	150/76A	155/80A	160/84A	165/88A	170/92A	档差
	XS	S	M	L	XL	
后衣长　L	50	52	54	56	58	2
胸围　B	82	86	90	94	98	4
腰围　W	64	68	72	76	80	4
臀围　H	86	90	94	98	102	4
袖长　SL	55	56	57	58	59	1.0
袖口大　CW	11.8	12.2	12.6	13	13.4	0.4
肩宽　S	36	37	38	39	40	1.0
腰节长　BWL	37	38	39	40	41	1.0
领围　N	36.4	37.2	38+材厚	38.8	39.6	0.8
后领座高　a	3	3	3	3	3	0
后领面宽　b	3.8	3.8	3.8	3.8	3.8	0

1.翻折领版型设计

设定：领座高为 a，领面宽为 b，领座侧面与水平线交角为 α。

如图3-2 ～图3-4所示。

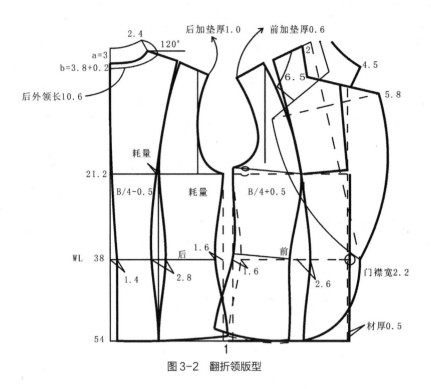

图 3-2 翻折领版型

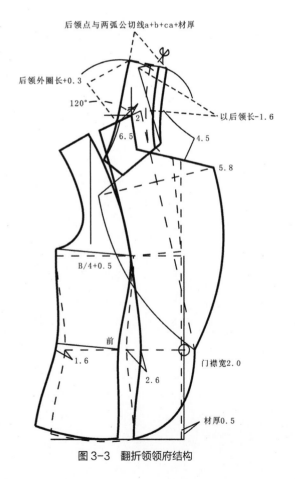

图 3-3 翻折领领府结构

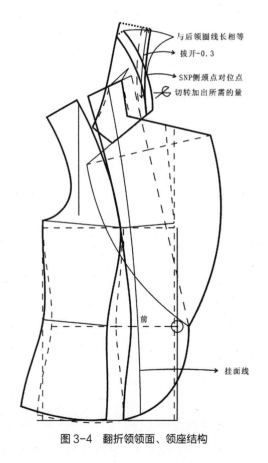

图 3-4 翻折领领面、领座结构

2. 翻折领领身结构设计

如图 3-5 所示。

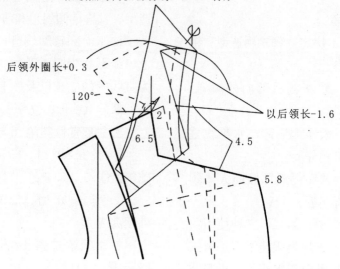

图 3-5 翻折领领身结构

3. 领里、领面及领座结构设计

如图 3-6、图 3-7 所示。

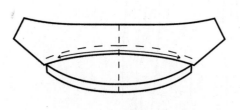

图 3-6 翻折领领面及领座成型图

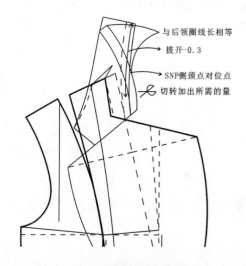

图 3-7 翻折领领面及领座结构设计

第二节
立领结构变化

一、立领分类

立领整体分为单立领与翻立领。

1. 单立领

只有领座部分，没有翻领部分的衣领结构。领座侧倾斜角为 ab（简称领侧角）、领座前倾斜角为 a（简称领前角）。

2. 翻立领

领座部分和翻领部分是通过缝制相连成一体的衣领结构。由于翻领部分掩盖领座部分，故其领座部分一般视作 a>90° 形状，根据翻折线的形状可分为翻折线为直线形的翻立领、翻折线为圆弧形的翻立领和翻折线为半圆弧半直线形的翻立领。

二、立领结构设计方法

1. 领座侧倾斜角

领座侧倾斜角 ab 决定立领轮廓造型和领座的侧后部立体形态。

当 ab<90° 时，领座侧后部向外倾斜，领身与人体颈部分离。

当 ab=90° 时，领座侧后部与水平线垂直，领身与人体颈部稍分离。

当 ab>90° 时，领座侧后部倾向人体颈部，领身与人体颈部贴近。

在以上三种形态中，第二、三种使用频率较多，冬季服装及正规类服装常采用第三种领侧角造型。第一种形态多用于夏季服装或非常规造型服装中。

2. 领座的前部造型

领座的前部造型包括领座前部的轮廓线造型、领座前倾斜角和前领窝造型形状。

领座前部轮廓线造型可分三种形状：领上口线形状为圆弧形的立领、领上口线形状为直线形的立领以及领上口线形状为部分圆弧、部分直线形的立领。

3. 领座前倾斜角 ai 与前领窝线的关系

① 当 ai>90° 时，前领实际领窝线低于基础领窝线。

② 当 ai<90° 时，前领实际领窝线高于基础领窝线。

单立领款式图及结构如图 3-8、图 3-9 所示。

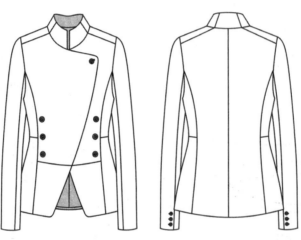

图 3-8 单立领款式图

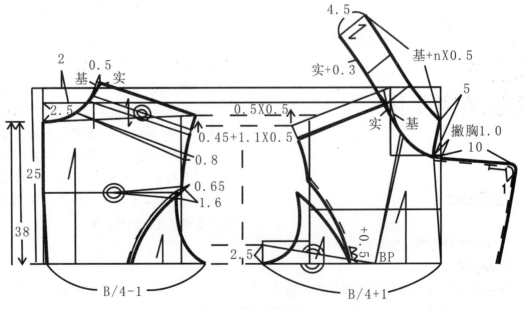

图 3-9 单立领结构图

三、翻立领结构设计方法

① 按翻立领造型在前后领窝线上翻折立领的立体结构图,注意翻折线的形状(直线形、圆弧形)。

② 将翻折领立体结构图展开成平面结构图。

③ 将翻折领平面结构图分割成翻领领面和领座部分。

④ 将领座和翻领拉展变化,形成翻立领结构图。

如图 3-10 ~ 图 3-12 所示。

图 3-10　翻折领款式图

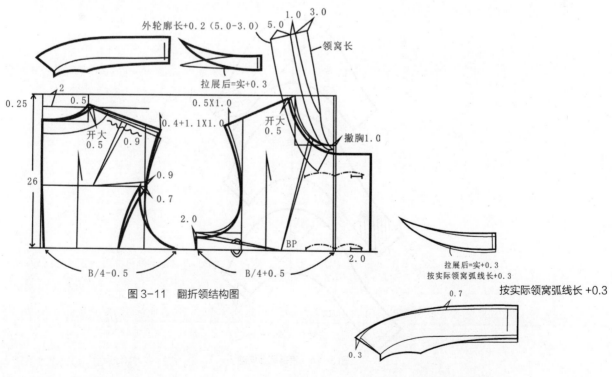

图 3-11　翻折领结构图

图 3-12　翻折领成品图

第三节
变化衣领结构变化

一、垂荡领

如图 3-13 ~ 图 3-15 所示。

图 3-13　垂荡领款式图

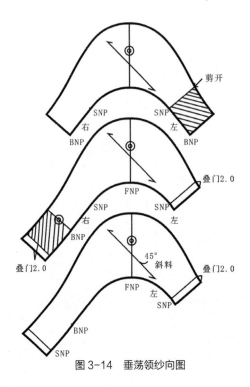

图 3-14　垂荡领纱向图

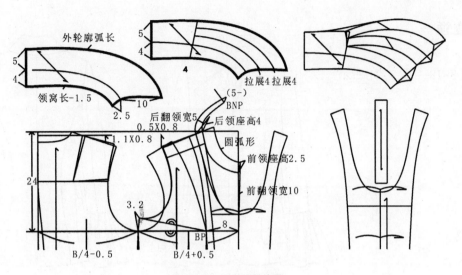

图 3-15 垂荡领结构图

二、翻折立领

如图 3-16、图 3-17 所示。

图 3-16 翻折立领款式图

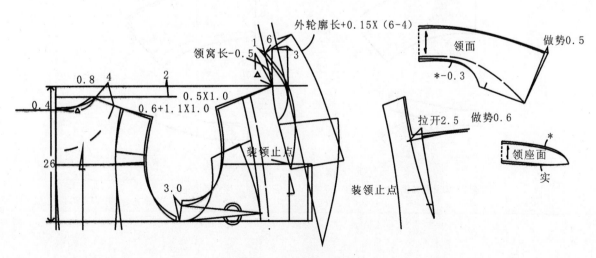

图 3-17 翻折立领结构图

三、翻立领

如图 3-18 ~ 图 3-21 所示

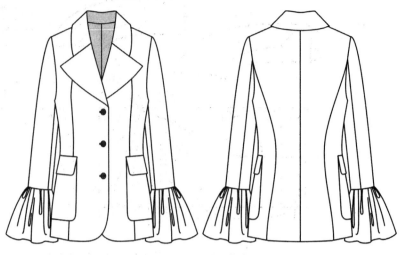

图 3-18　翻立领款式图

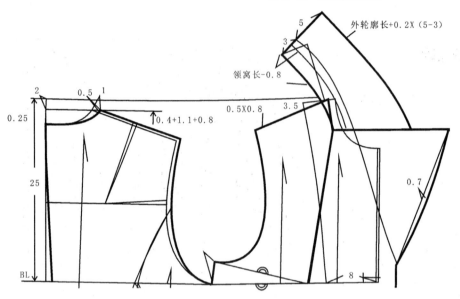

图 3-19　翻立领结构图

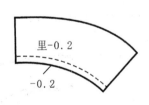

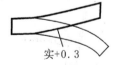

图 3-20　翻立领成品图

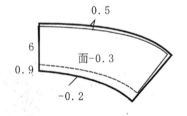

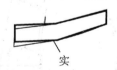

图 3-21　翻立领校正图

四、无领

如图 3-22、图 3-23 所示。

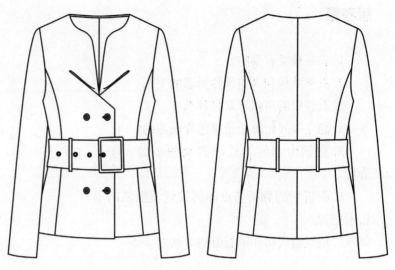

图 3-22 无领款式图

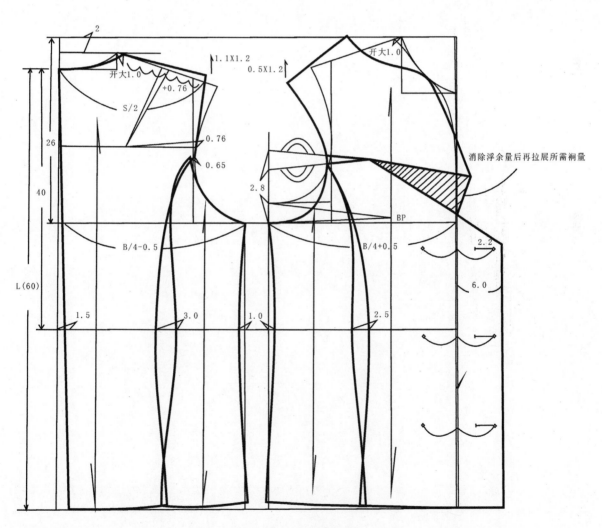

图 3-23 无领结构图

思考题

1. 衣领种类有哪些?

2. 衣领结构和人体颈脖形态的关系。

3. 衣领口的结构要素是什么?

4. 翻立领外轮廓松量是怎样确定的?

5. 立领中如何设置领省及领小的大小分配。

6. 翻折领的翻折基点如何设置及翻领的松量把握。

7. 用反射线影作图有哪些方法?

第四章
女上装衣袖版型设计

本章要点

　　掌握衣袖结构设计的要素种类，圆袖袖山与袖窿的结构配伍关系，圆袖的结构制图原理与方法技巧实例分析，连袖、分割袖的结构制图原理与方法技巧，变化造型、袖型款式的分类与特点。

第一节
衣袖结构种类和设计要素

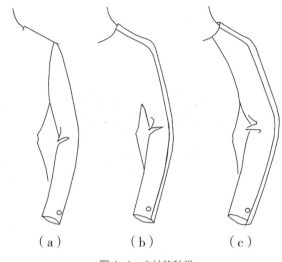

　　（a）　　　　（b）　　　　（c）

图4-1　衣袖的种类

　　衣袖是包覆人体肩部和手臂的服装部件，由于手臂是人体中运动幅度最大、变化范围最广的部位，所以衣袖结构的设计要根据人体肩、臂的自然形态和运动状况而定。衣袖包括袖窿和袖身两部分，或单独以袖窿为单位构成衣袖结构，袖山结构、袖身形状以及袖山与袖窿的配伍关系，形成衣袖的各种变化造型。

一、衣袖结构种类

　　按照衣袖袖山与衣身的相互关系可分成若干种基本结构，可在基本结构上加抽褶、垂褶、波浪等造型技法即可形成变化的结构图形，衣袖可以分为以下若干基本结构：

　　（1）圆袖
　　袖山形状为圆弧形，与袖窿缝合组装衣袖，如图4-1(a)所示。根据其袖山的结构风格及袖身的结构风格可细分为宽松、较宽松、较贴及贴体的袖山，根据袖身的结构风格可分为直身袖、较弯身袖和弯身袖等。

　　（2）连袖
　　将袖山与衣身组合连成一体形成的衣袖结构，如图4-1(b)所示。按袖中线的水平倾斜角可分为宽松、较宽松、较贴体三种结构风格。

　　（3）分割袖
　　在连袖的结构基础上，按造型将其衣身和衣袖重新分割、组合形成新的衣袖结构，如图4-1（c）所示。按造型线分类，可分为插肩袖、半插肩袖、落肩袖及覆肩袖等。

　　此外，按照衣袖的长度可以分为无袖、盖袖、五分袖、七分袖等；按照衣袖外观可

以分为花瓣袖、蝙蝠袖、喇叭袖等。在基本结构上加以抽褶、垂褶、波浪等造型手法，衣袖还可以形成多种变化结构。

二、衣袖结构与人体

　　衣袖结构设计主要包括袖山结构设计和袖身结构设计。在进行衣袖结构设计时，必须考虑人体静、动态需求及造型风格的要求。

　　1. 衣袖与静态人体的关系
　　衣袖及人体部位包括肩点SP至前腋点、后腋点及周边的相关点和上肢的整个部位。基本袖是袖山底部以人体腋窝深线为界的结构最简单的衣袖结构，图4-2为基本袖结构与人体尺寸的关系，其袖山部位取SP以下部位作为覆合人体的部位，袖肥部位在包覆人体上臂的同时应具有一定的松量，以保证适当的舒适性。

　　作为有实用价值的服装衣袖，其袖山高应该设计在腋窝线以下，比基本袖和袖山高长。原型袖的袖山高设计在腋窝线以下2cm处，作为袖底与人体腋窝之间的空隙量，空隙量的大小要根据衣袖造型风格而定。

　　2. 装袖角度与袖山高和缝缩量的关系
　　装袖角度指袖底缝与铅垂线之间的夹角。

实验证明装袖角度越小，袖山高越大；装袖角度越大，袖山高越小。图4-3是将上肢自然下垂时装袖角度的袖山和装袖角为20°的原型袖的袖山（文化式原型袖）进行对比，图中显示上肢自然下垂时的袖山高比装袖角为20°的原型袖袖山高大1.4cm左右(图4-4、图4-5)。

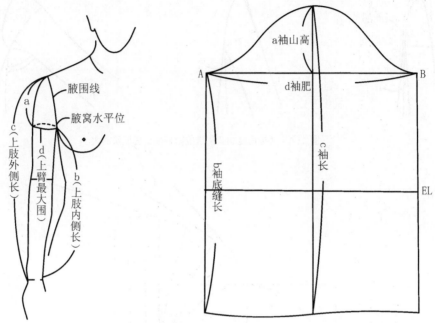

图4-2　基本袖结构与人体的比例关系

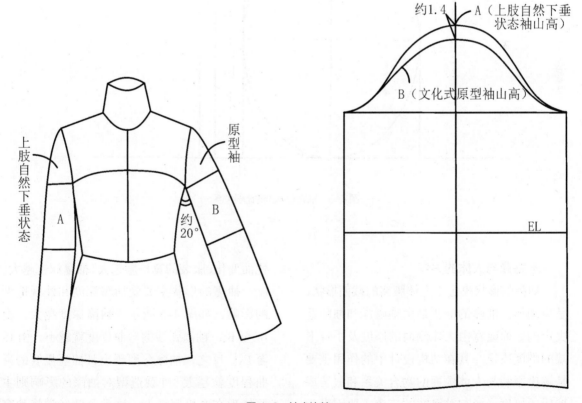

图4-3　袖山比较

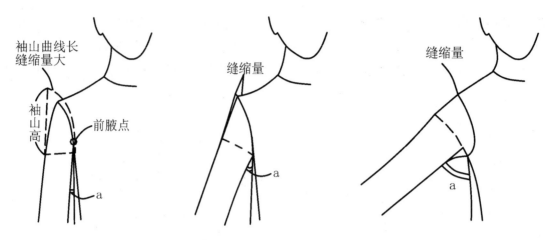

图 4-4　装袖角度的变化直接影响袖山缝缩量的大小

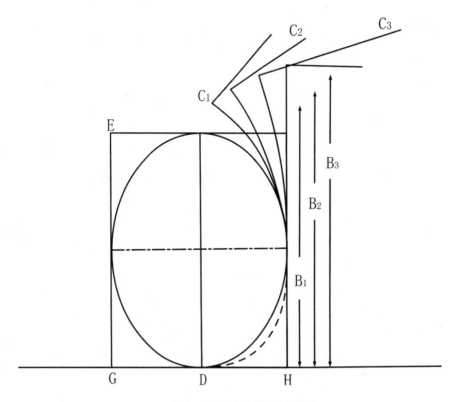

图 4-5　袖窿与人体的比例关系

3. 袖窿与人体的关系

袖窿的形状决定于人体腋窝的截面形状，呈蛋圆形。袖窿的面积是由袖窿深和袖窿宽决定的。袖窿宽由人体侧面的厚度及手臂上端的围度决定，其在结构设计中的作用主要是解决服装与人体侧面的吻合关系和服装成型后的厚度。影响袖窿宽的三个主要因素为前胸宽、后背宽和胸围，袖窿的最宽处为（胸围 /2– 前胸宽 – 后背宽）。袖窿深随款式的变

化而变化，服装的宽松度越大，袖窿深也越大。

袖窿的形状主要受袖窿深度和外观造型的影响，如图 4-5 所示。袖窿深度越大，由 B_1 至 B_3，袖窿弧线的弯曲程度就越小，由 C_1 至 C_3。反之，袖窿深度越小，袖窿弧线的弯曲程度就越大；外观造型对袖窿的影响则主要体现在宽松服装上，这类服装经常将袖窿的形状处理成方形、圆形或直线与曲线所构成的多种造型。

4. 袖身的结构与人体上肢形态的关系

人体上肢的形态是向前微倾的,如图4-6所示为女体上肢的立体形态。自肩端点SP向下作垂线可得到人体上肢三个重要数据:手臂垂线与手腕中点之间的水平间距离为4.99cm,手臂垂线与手腕中线的夹角为6.18°,手臂肘部铅垂线与手腕中线的夹角为12.14°,因此作为覆合人体上肢形态的袖身必须前倾,这样展开的袖身结构为前袖缝呈凹形,后袖缝呈凸形,且要收省或进行工艺处理。

在原型袖身结构设计中,在袖肘线EL线与袖中线的交点处向袖口作一前偏量,称为袖口前偏量,如图4-6所示。其中,直身袖袖口前偏量为0~1cm;较直身袖袖口前

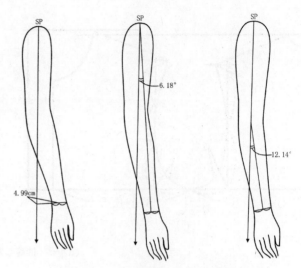

图4-6 女体手臂的立体形态示意图

偏量为1~2cm;女装弯身袖袖口前偏量为2~3cm;男装弯身袖袖口前偏量为3~4cm。

第二节
直、弯身形圆袖版型

袖山结构设计包括袖窿部位结构和袖山部位结构的设计。其结构种类按宽松程度分为宽松型、较宽松型、较贴体型、贴体型四种。

因袖山与袖窿两者是相配伍的,所以风格必须一致。

一、袖窿部位结构

袖窿部位是衣身上为装配袖山而设计的部位,风格不同,结构也不同(图4-7)。

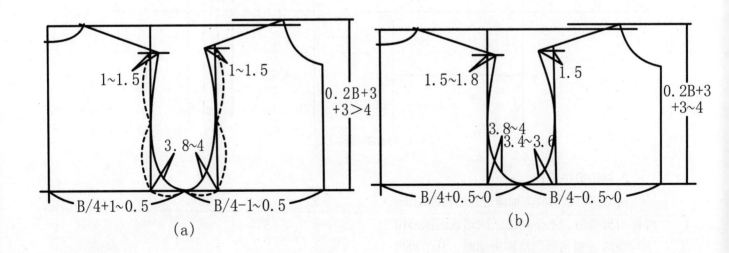

(a)　　　　　　　　　　　　　　　　　(b)

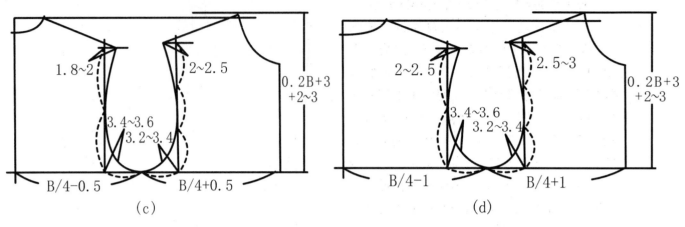

（c）　　　　　　　　　（d）

图4-7　袖窿部位结构设计分析图

二、袖山部位结构

袖山是指袖身与袖窿缝合部位的弧线部位。袖山的结构主要包括袖山的大小和形状。袖山的大小取决于袖窿，同时受到袖山高和袖肥的制约。袖山的形状则要和袖窿的形状相对应。

1.袖山高的确定

在袖山结构设计中，袖山高、袖山斜线长和袖肥三个因素是相互制约的，应综合考虑，其中袖山高是第一要素，袖山高的确定方法有两种（图4-8、图4-9）。

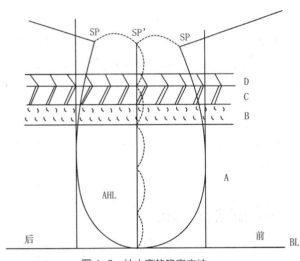

图4-8　袖山高的确定方法一

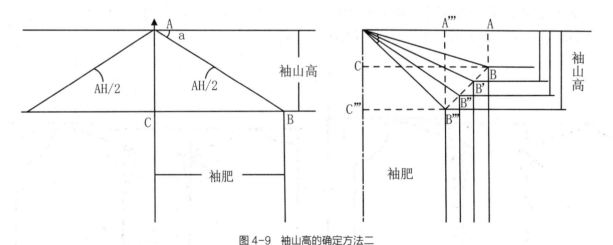

图4-9　袖山高的确定方法二

2.袖山风格设计

袖山部位结构要与袖窿部位结构相配伍，将袖山折叠后，上下袖山之间形成的图形由于与眼睛造型相似，故称为袖眼。其结构风格有四种，如图4-10所示。

三、袖身结构设计

　　从整体来说，袖身可以分为基础袖身和变化袖身两大类，基础袖身就是最基本的袖身结构，变化袖身就是在基础袖身结构上运用抽褶、折裥、垂褶、省道、波浪、分割等形式，形成多种变化造型的袖身结构。袖身结构按外型风格分类，可分为直身袖、较弯身袖、弯身袖三类；按袖片数量分类，可分为一片袖、两片袖和多片袖（图4-11）。

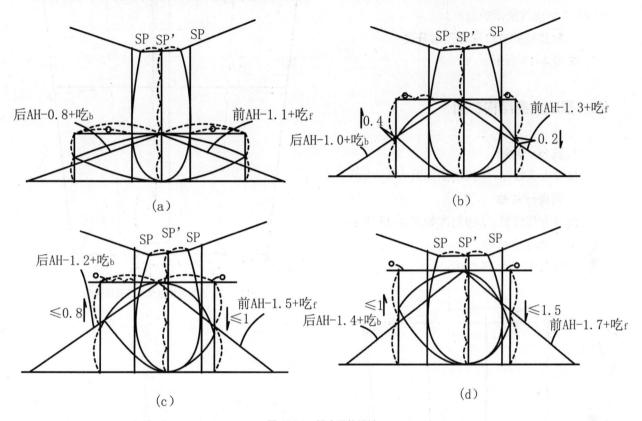

图4-10　袖山风格设计

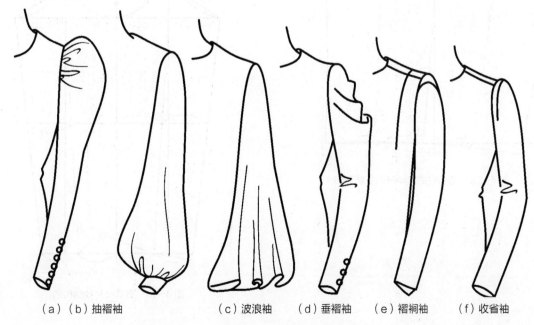

（a）（b）抽褶袖　　　（c）波浪袖　　（d）垂褶袖　　（e）褶裥袖　　（f）收省袖

图4-11　袖身结构

四、基础袖身立体形态及展开图

1. 直身袖的立体形态及展开图

直身袖袖身的立体形态可看作单个圆台体，按圆台体的平面展开法展开袖身，形成图 4-12 中虚线所示的扇形。

2. 弯身袖的立体形态及展开图

如图 4-13 所示。

五、基础袖身结构制图

1. 直身一片袖

袖身为直线型，结构制图如图 4-14 所示。

2. 弯身一片袖

袖身为弯线型，结构制图如图 4-15 所示。

3. 合体 1.5 片袖

结构图如图 4-16 所示。

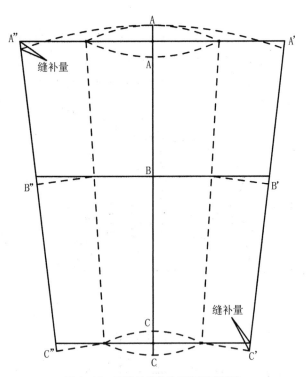

图 4-12　直身袖的立体形态及展开图

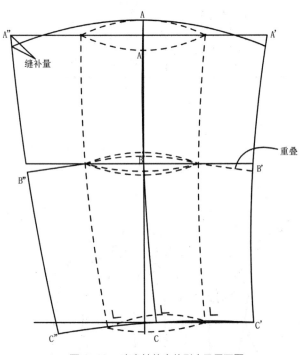

图 4-13　弯身袖的立体形态及展开图

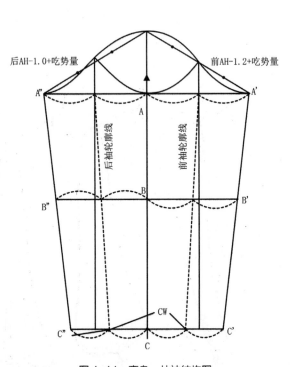

图 4-14　直身一片袖结构图

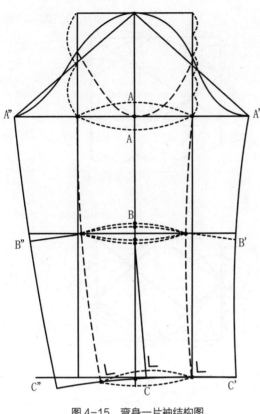

图 4-15 弯身一片袖结构图

4. 弯身两片袖

结构图如图 4-17 所示。

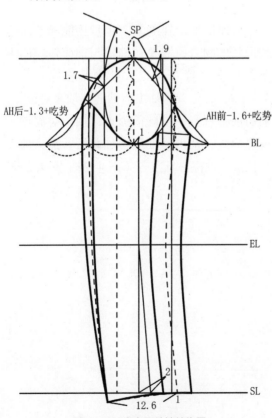

图 4-17 弯身两片袖结构图

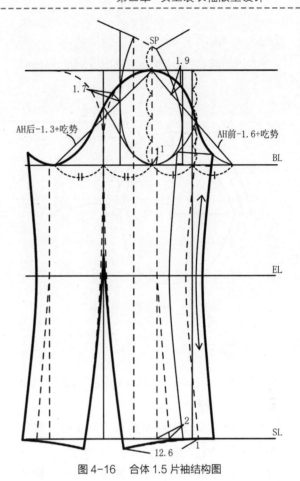

图 4-16 合体 1.5 片袖结构图

六、 袖山与袖窿的配伍关系

袖山与袖窿的配伍包括形状的配伍和数量的配伍。形状的配伍是指袖眼与袖窿造型风格的一致性，即宽松型袖眼与宽松风格袖窿相配伍，贴体型袖眼与贴体风格袖窿相配伍等，在本章第二节袖山结构设计中已详细说明，这里不再赘述。数量的配伍是指缝缩量的计算和分配以及袖山和袖窿上相应对位点的设置。

1. 缝缩量的计算

缝缩量的计算可按两种方法进行近似计算。

技法一：如图 4-18 所示。

① 薄型材料、宽松风格的袖山缝缩量为 0 ~ 1.5cm。

② 较厚材料、较宽松风格的袖山缝缩量为 1.5 ~ 2.8cm。

③ 较厚材料、较贴体风格的袖山缝缩量

为 2.8 ～ 4cm。

④厚材料、贴体风格的袖山缝缩量＞4cm。

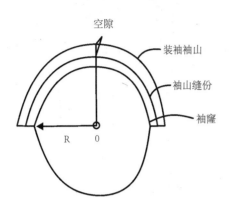

图 4-18   缝缩量的计算技法一

技法二：X=（材料厚度系数 + 袖山风格系数）× AH%。

①轻薄型材料厚度系数为 0~1cm，宽松袖山风格系数为≤ 1cm。

②较薄型材料厚度系数为 1~2cm，较宽松袖山风格系数为≤ 2cm。

③较厚型材料厚度系数为 2~3cm，较贴体袖山风格系数为≤ 3cm。

④厚型材料厚度系数为 3~4cm，贴体袖山风格系数为≤ 4cm。

⑤特厚型材料厚度系数为 4~5cm   袖山风格系数为≤ 5cm。

2. 缝缩量的分配

缝缩量的分配需要与衣袖的风格相对应，不同风格的衣袖，其缝缩量的分配规律是不同的，而且缝缩量的大小部位是不相同的（图 4-19 ～图 4-21）。

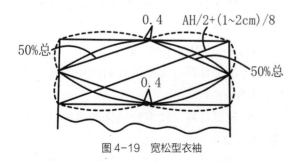

图4-19   宽松型衣袖

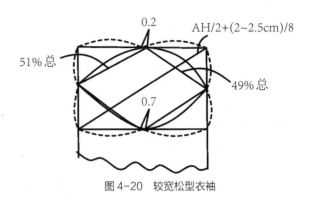

图 4-20   较宽松型衣袖

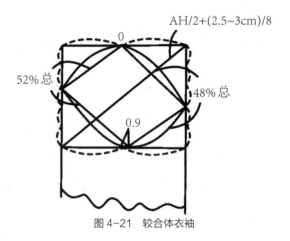

图 4-21   较合体衣袖

七、袖山与袖窿对位点的设置

为保证袖山在缝缩一定量后能和袖窿达到形状的吻合，需要在袖山与袖窿对应的重要部位上设置对位点，对位点总数一般为4 ～ 5对，其位置为袖山前袖缝—袖窿对位点，袖山前袖标点—袖窿前弧点，袖山对肩点—袖窿肩缝，袖山后袖缝—袖窿后弧点，袖山最低点—袖窿最低点等（图 4-22、图 4-23）。

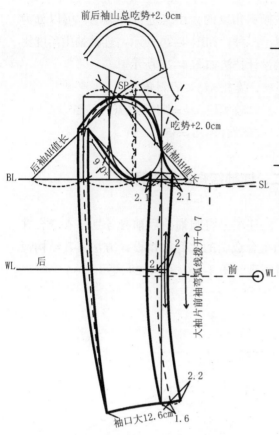

前后袖山总吃势+2.0cm

吃势+2.0cm

后袖AH值长 前袖AH值长

9.0+

BL

SL

2.1 2.1

WL 后 前 WL

大袖片前袖弯袖弧线拨开-0.7

2
2
2

2.2

袖口大12.6cm 1.6

图 4-22 袖山与袖窿对位

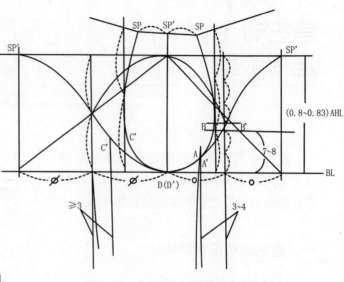

(0.8~0.83)AHL

7~8

BL

≥3 3~4

图 4-23 合体型袖山与袖窿对位点设置

八、袖山与袖窿对位点的修正

由于袖山安装到袖窿上牵涉到袖身的具体偏斜位置，故袖山与袖窿的对位点需作适当的修正。

男装袖由于手臂弯曲偏前量大，故在女装袖装袖方法上作稍许调整，即将袖窿上的对位点分别上移 0.3cm 左右，袖山上的对位点不动（图 4-24、图 4-25）。

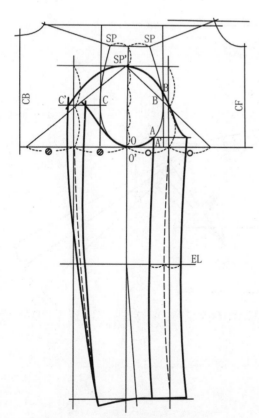

图 4-24 女圆装袖与袖窿对位点修正

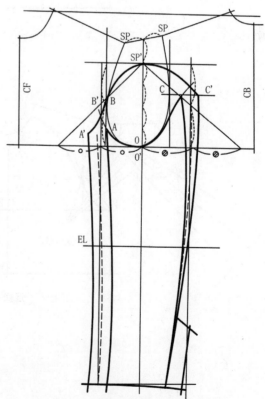

图 4-25 男圆装袖与袖窿对位点修正

第三节
连袖版型

连袖是圆装袖与衣身组合而成的袖型；分割袖是在连袖的基础上将袖身重新分割后形成的袖型，是服装上常用的衣袖种类。

一、连袖结构设计种类

连袖结构设计种类是按前袖中心线与水平倾斜角度的大小来进行分类的，可以分为以下三种，如图4-26所示。连袖袖山角度比例设计技法如图4-27所示。

①宽松 α_1 ≤肩斜角。

②较宽松 α_2 ＝肩斜角30° ~ 35°。

③较合体 α_3＝35° ~ 50°。

二、连袖结构设计的原理

连袖是将圆袖前后袖身分别与衣身合并而组合成新的衣身结构设计方法，其结构设计原理如图4-28、图4-29所示。

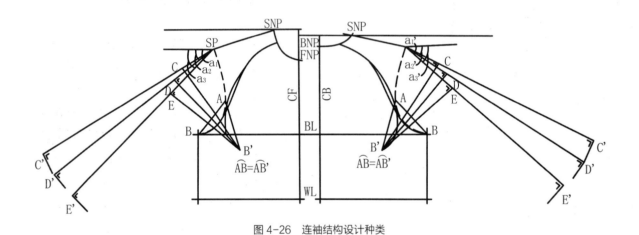

图4-26　连袖结构设计种类

图4-27　连袖袖山角度比例设计技法

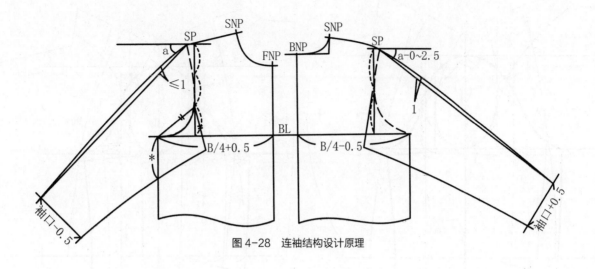

图 4-28 连袖结构设计原理

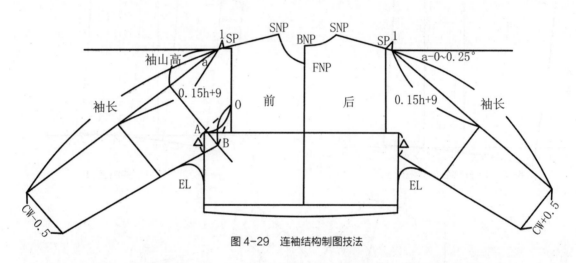

图 4-29 连袖结构制图技法

第四节
分割袖版型及变化

分割袖可以分为以下四种风格：

① 宽松 α_1 ≤肩斜角，后袖身角为 $\alpha - 1/2$ （$\alpha - 40°$）。

② 较宽松 α_2 = 肩斜角 30° ~ 35°，即宽松、较宽松风格后袖身角 = α 。

③ 较合体 α_3 = 35° ~ 50°，较合体、合体风格后袖身角为 $\alpha - 1/2$ （$\alpha - 40°$）。

④ 合体 α_4 = 50° ~ 65°。

一、分割袖结构制图方法一

如图 4-30 ~ 图 4-33 所示。

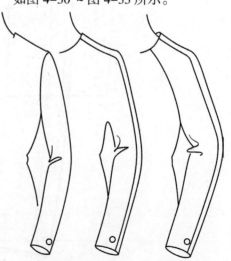

图 4-30 分割袖按其分割线形式分类

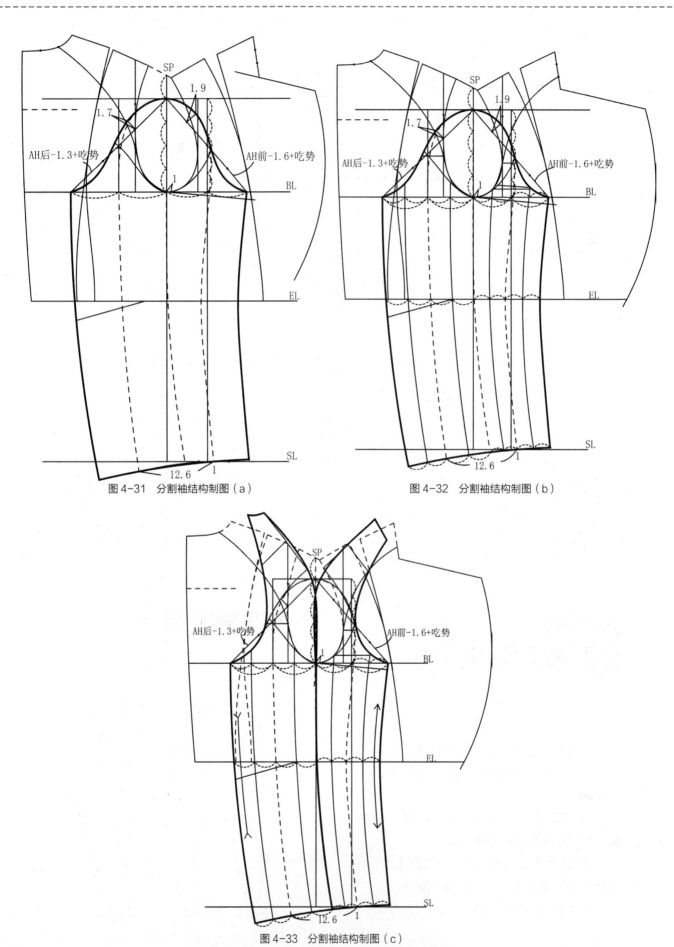

图4-31 分割袖结构制图（a）

图4-32 分割袖结构制图（b）

图4-33 分割袖结构制图（c）

二、分割袖结构制图方法二

如图 4-34~ 图 4-37 所示，成衣规格表见
表 4-1。

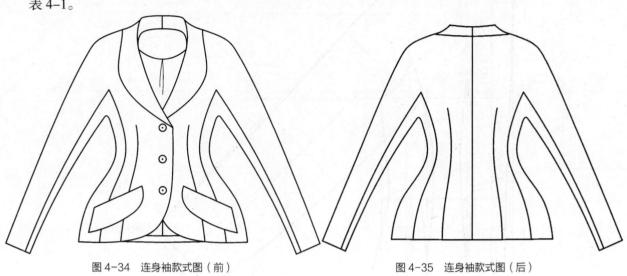

图 4-34　连身袖款式图（前）　　　　　　　　　图 4-35　连身袖款式图（后）

表 4-1　成衣规格表　　　　　　　　　　　　　　　　　单位：cm

部位	部位代码 / 尺码代号	150/76A	155/80A	160/84A	165/88A	170/92A	档差
后衣长	L	50	52	54	56	58	2.0
胸围	B	82	86	90	94	98	4.0
腰围	W	64	68	72	76	80	4.0
臀围	H	86	90	94	98	102	4.0
袖长	SL	55	56	57	58	59	1.0
袖口大	CW	11.8	12.2	12.6	13	13.4	0.4
肩宽	S	37	38	39	40	41	1.0
腰节长	BWL	37	38	39	40	41	1.0
领围	N	36	37	38	39	40	1.0
后领座高	a	3	3	3	3	3	0
后领面宽	b	3.8	3.8	3.8	3.8	3.8	0

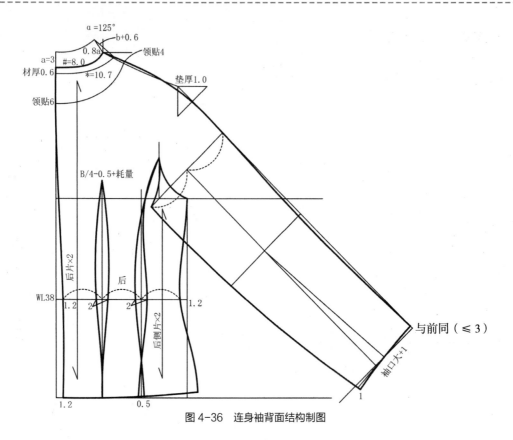

图 4-36　连身袖背面结构制图

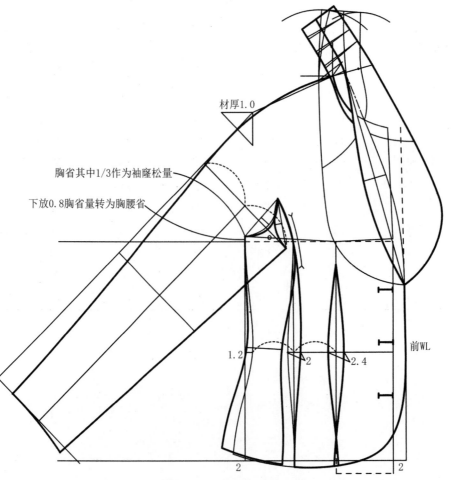

图 4-37　连身袖前面结构制图

第五节
变化袖结构变化

变化袖款式图如图 4-38、图 4-39 所示。

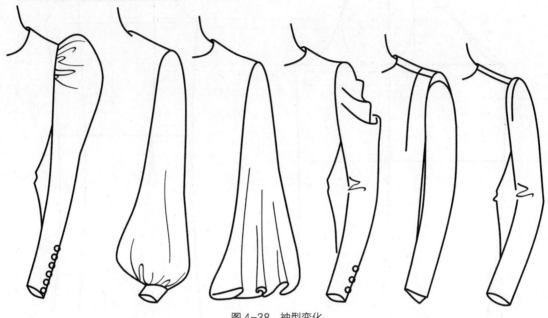

图 4-38　袖型变化

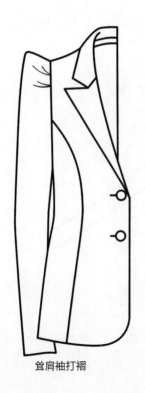

耸肩袖打褶

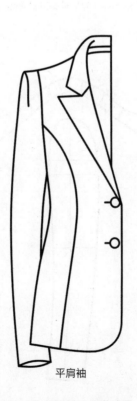

平肩袖

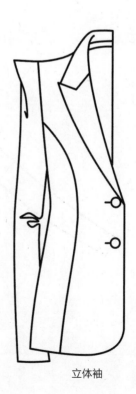

立体袖

图 4-39　造型变化袖款式图

1. 耸肩袖头打褶版型设计

如图 4-40、图 4-41 所示。

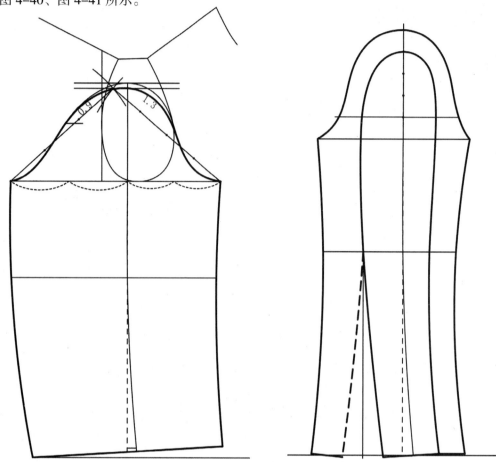

图 4-40   耸肩袖头打褶基础结构

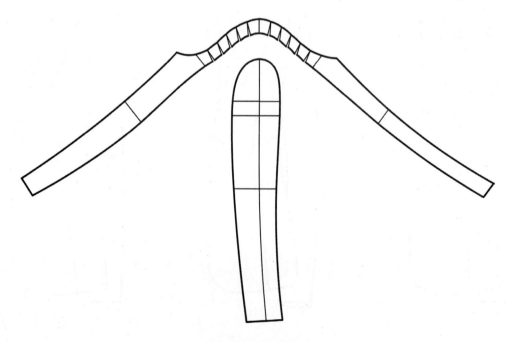

图 4-41   耸肩袖头打褶造型结构图

2.立体分割袖版型设计

如图4-42～图4-44所示。

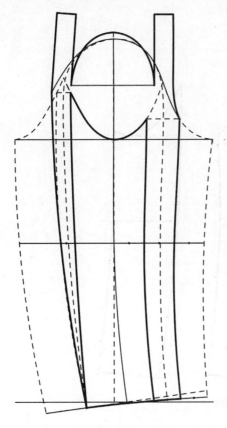

图4-42 立体分割袖版型设计

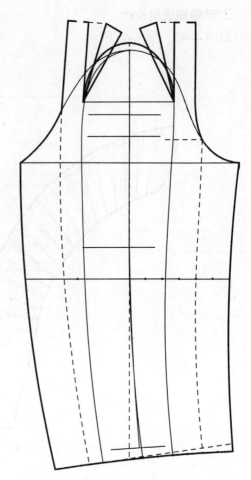

图4-43 立体袖结构

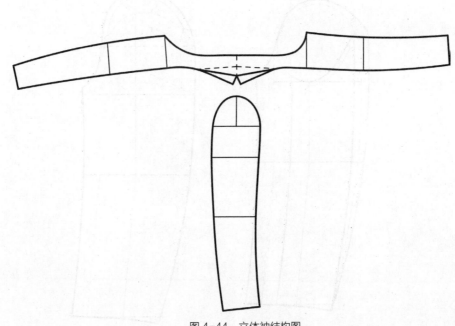

图4-44 立体袖结构图

3.羊腿袖版型设计

如图 4-45、图 4-46 所示。

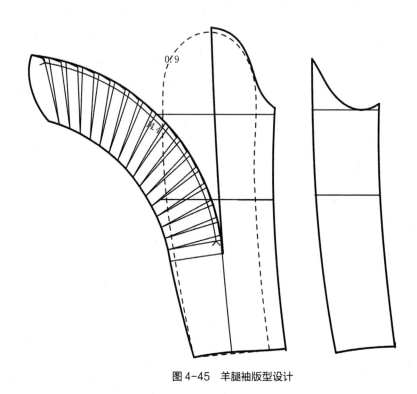

图 4-45　羊腿袖版型设计

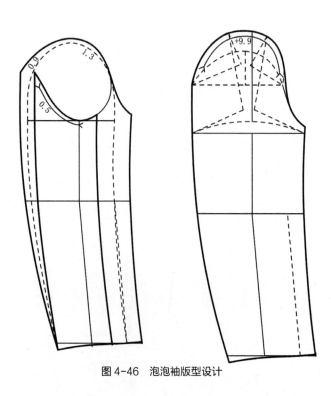

图 4-46　泡泡袖版型设计

思考题

1. 衣袖版型种类?

2. 分析衣身结构和人体上肢形态的关系。

3. 衣身及袖窿的相互配置关系?

4. 袖山风格及比例关系?

5. 袖山高的确定技巧?

6. 缝缩量的分配?

7. 袖山对位点的设定。

8. 圆袖版型设计方法有哪些?配伍法制作较贴体型两片弯身袖。

9. 连身袖版型设计种类有哪些?制作较宽松型连身袖。

10. 圆袖变化版型设计。

11. 抽褶袖及袖山抽褶版型类型、袖山抽褶量及袖口变化的版型设计?

12. 简述制作抽褶袖及波浪袖对面料悬垂性的要求。

13. 简述插肩袖版型变化制图方法。包括抽褶插肩袖、褶裥插肩袖、连身立领插肩袖、袖底插角、前连袖后插肩袖、尖角形半插肩袖。

第五章
女衬衣款式设计

本章要点

　　了解女衬衣的起源与发展、款式分类，女衬衣款式设计的主要方法及其结构设计中线条的运用，女衬衣的搭配设计。

第一节
女衬衣款式概述

一、女衬衣的发展演变

现代丰富多彩的女衬衫款式起源于西方，是由欧式男衬衫逐步发展起来的。欧洲文艺复兴时期出现了高雅别致的"长枪"衬衫，19世纪产生了腰部卡进的适体衬衫，第二次世界大战后产生了仿男士西服衬衫特征的女衬衫。随之衬衫的应用范围越来越广，既可为生活便装、日常社交装，又可作正式、半正式礼服的配套装穿用。

20世纪20年代末期，西式女衬衫开始在我国流行。中华人民共和国成立后，西式衬衫才逐渐广泛流行。20世纪50年代，妇女解放，走上社会，都穿着一样款式的一字领或八字领白色长袖衬衫。60年代，衬衫首先在领式上发生了变化，小圆领、小方领、铜盆领、长方领、海军领、燕尾领等各种领型出现，颜色也多样化了。70年代末期，女衬衫款式变化更加丰富多彩。衬衫的袖、门襟、袋也先后发生变化。衬衫的袖子开始有泡泡袖、灯笼袖、荷叶袖、喇叭袖、长袖、公主袖等款式；门襟有暗襟、翻襟、镶衬；袋有明袋、暗袋、嵌线袋；袋口也有多种形式。总之，衬衫在长期的历史演变过程中不断演变发展着，由过去单一的白细布、府绸，发展到色彩绚丽的涤棉、绸缎以及绣花衬衫（图5-1）。

80年代以来，随着改革开放的深入，女式衬衫款型结构变化更加丰富，并已走向时装化、高档化（图5-2）。款式上有西服式、

图5-1 20世纪60年代衬衣款式

图5-2 20世纪70年代衬衣款式

茄克式、镶拼式等，花色品种也越来越多。同时女衬衫出现了两种新的变化：一是效仿男式衬衫，立翻硬领（也称企领），有覆肩，特别是职业衬衫、制服衬衫；二是仿西式礼服衬衫，在领边、前胸装饰荷叶飞边、褶裥以及绣花等，更加时装化、"礼服"化，穿着和应用范围越来越广（图5-3）。

二、女衬衣款式分类

女衬衣一般可以分为正装衬衫、休闲衬衫、家居衬衫等（图5-4）。

1. 正装衬衫

出席于正式场合或参加各种礼仪活动穿着的衬衫，有别于其它衬衫款式，具有独特特征，其结构要体现廓型的合体性。主要变化在领型、袖口克夫和门襟、无贴袋的设计。

2. 休闲衬衫

在非正式场合穿用的衬衫，可与非正式西服等外套搭配，款式宽松、部件灵活多样。可根据不同场合变化其领型、袖型等。

3. 家居衬衫

为居家穿用的衬衫，只能与非正式服饰搭配，通常采用宽松的造型，无领或小领，宽松的袖型设计，整体体现质朴、恬静、舒适的感觉。

正装衬衫常用于礼服或西服正装的搭配；便装衬衫用于非正式场合的西服搭配穿着；家居衬衫用于非正式西服的搭配，如配搭毛衣和便装裤，居家和散步穿着；度假衬衫则用于旅游度假穿着。

图5-3　现代衬衣款式

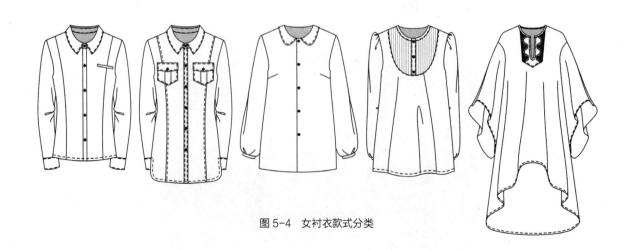

图5-4　女衬衣款式分类

三、女衬衣部位名称

女衬衣各部位名称如图5-5、图5-6所示。

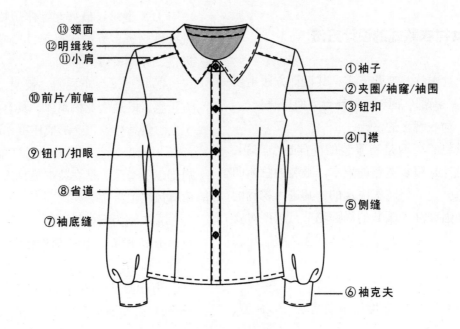

⑬领面　⑫明缉线　⑪小肩　⑩前片/前幅　⑨钮门/扣眼　⑧省道　⑦袖底缝　①袖子　②夹圈/袖窿/袖围　③钮扣　④门襟　⑤侧缝　⑥袖克夫

图5-5　女衬衣款正面名称

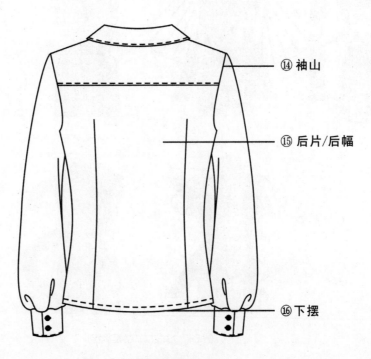

⑭袖山　⑮后片/后幅　⑯下摆

图5-6　女衬衣款背面名称

第二节
女衬衣款式设计

一、女衬衣款式的设计方法

女衬衣款式变化丰富，其设计方法主要从廓型、局部、面料、风格等方面展开。

1. 衬衣廓型的设计

服装的廓型是指服装的外部造型剪影，廓型设计是服装造型的根本。服装的总体印象是由服装的外轮廓决定的，其进入视觉的速度和强度高于服装的局部细节。廓型对女衬衫款式视觉的影响主要体现在风格、体积和对比（图5-7）。

（1）风格

服装廓型按字母分主要有X型、H型、A型、Y型、O型与T型。不同的廓型给人不同的视觉感受，也就形成了不同的风格。女衬衣占据着女性人体上半部分的造型面积，衬衣的廓型直接影响着整体服装款式造型的风格。

① X型衬衣最具女性体型特征，充分体现女性婀娜多姿的体态美，形成典型的淑女风格、经典风格。

② H型又为布袋型、箱型，强调肩部的方正感，既适度宽松离体，具有修长、简约、宽松、舒适特点，又形成庄重、严谨的风格。

③ A型为上窄下宽的正三角形，一般在肩部以下夸张，是女装中最具流线感的款型，整体风格浪漫娇美。

④ T型为倒梯形或倒三角形，夸张肩部，整体上宽下窄，多用于男性化女装，具有洒脱、大方之风格。

⑤ O型呈椭圆型，肩、腰、摆没有明显分界，形似纺锤、灯笼，具有活泼、趣味性风格。

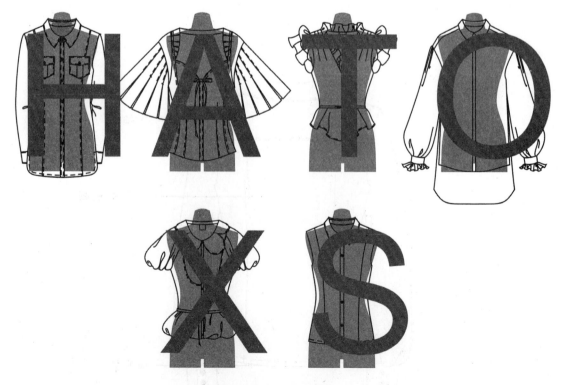

图5-7　女衬衣款廓型类别

（2）体积

女衬衣的体积设计主要表现在袖型和下摆。体积包含着尺寸的松紧大小和材料的软、硬、厚、薄等因素，有些设计指令对体积有比较明确的要求，有些则留给设计者自行处理（图5-8）。

（3）对比

人体的上半身和下半身是充满对比的形体，这一特点决定了女衬衣上装与下装外观要求呈对比效果（图5-9）。

服装造型变化是以人的基本形体为基准的，因此女衬衣廓型一般不可以随心所欲地进行变化，服装廓型的变化离不开支撑服装的肩、腰、臀、摆几个关键部位。

2. 女衬衣款式局部设计

女衬衣款式的局部通常指与衬衣风格相配置的，突出于女衬衣主体之外的局部设计，主要包括：衣领、衣袖、口袋、门襟、下摆等。是衬衣兼具功能性与装饰性的主要组成部分，能打破衬衣本身的平淡，起着画龙点睛的作用。

（1）衣领设计

衣领是女衬衣至关重要的组成部分，总体分为两大类，即连身领与装领、组合领。

图5-8　女衬衣款体积的表现

图5-9　女衬衣款对比的表现

颈部是连接人体头部与肩部的重要部位，衣领的设计是以人体颈部的结构为基准的，通常情况下衣领设计要参照人体颈部的四个基准点。

①连身领设计：连身领是指领型与衣身连接的衣领、无领、连身出领。

无领指只有领圈而无领面，结构形式简单的一种领式（图5-10）。

连身领指从衣身上延伸出来的领子（图5-11）。

②装领设计：装领分为立领、翻领、驳领、平贴领（图5-12）。

立领指只有领座，没有领面的，围合颈部的款式造型，常见的有旗袍领等。

翻领既有领座又有领面的衣领，常见的有女衬衫领、大衣领、风衣领等。

驳领为翻领的一种，因多了与衣身相连的驳头，所以被称为驳领。常见有戗驳领、平驳领、青果领等。

平贴领没有领座，领面平贴在服装上。

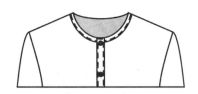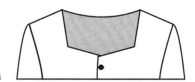
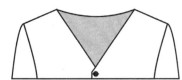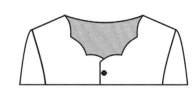

图5-10　圆形领、方形领、V形领、船形领、一字领、其他无领型

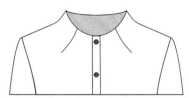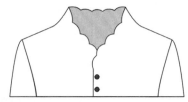

图5-11　连身领的变化

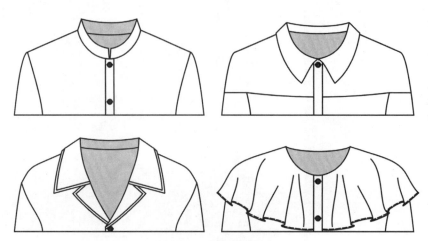

图5-12　装领的类型

③ 组合领型设计。由多个领型组合而成的新的领型（图5-13）。

（2）衣袖设计

衣袖设计也是服装设计中非常重要的部分。上肢是人体活动幅度最大的部分，衣袖承载着衣身与手臂的连接。衣袖设计主要研究其功能性与装饰性的统一。其分类为：袖山设计、袖身设计、袖口设计。

① 袖山设计。a. 装袖　b. 连身袖　c. 插肩袖（图5-14、图5-15）。

② 袖身设计。a. 紧身袖　b. 直筒袖　c. 膨体袖（图5-16）。

③ 袖口设计。a. 收紧式袖口　b. 开放式袖口（图5-17）。

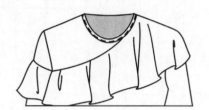

图 5-13　组合领型的设计

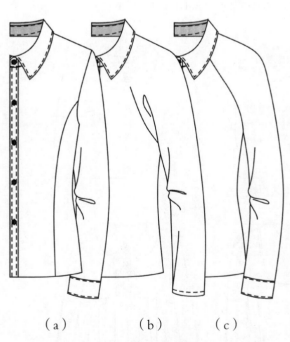

（a）　　　　（b）　　　　（c）

图 5-14　袖山的设计变化

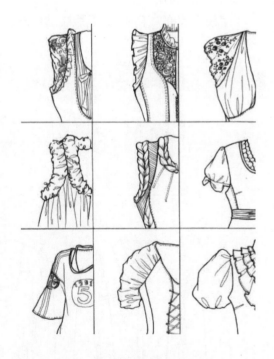

图 5-15　袖窿的装饰设计变化

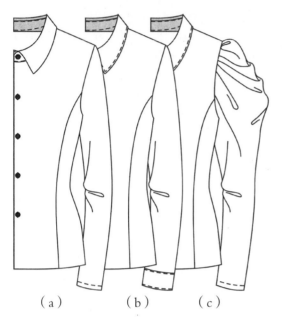

（a）　　　　（b）　　　　（c）

图 5-16　袖身的设计变化

（a）　　　　（b）

图 5-17　袖口的设计变化

（3）口袋设计

根据口袋的结构特点分为贴袋、插袋、复合袋（图 5-18）。女衬衫上衣从美观角度考虑一般不设口袋。

（4）门襟设计

门襟是服装的"门脸"，是服装结构设计的重要形式，也是服装设计中非常重要的部位。门襟设计主要分为关闭式、半开式、上开式、开衩式等。

门襟开扣门方式的设计具有其实用功能和审美功能，门襟的设计一定要与服装的风格相统一，如图 5-19 所示。

图 5-18　女衬衣口袋设计

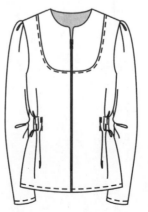

图 5-19　女衬衣门襟设计

（5）下摆设计

衬衣的下摆设计是衬衣造型变化重要因素之一，也是衬衣款式流行变化的重要因素，如图5-20所示。

图5-20　女衬衣下摆设计

3. 女衬衫面料的选择

服装材料是女衬衫最基本的物质前提，不同种类的面料给女衬衣带来不同的外观效果。女衬衫设计对面料的选择主要表现在材料的色彩、质感、肌理及其透气性、柔软性、挺括性、伸缩性等。常用衬衣的面料种类有棉麻、蕾丝、真丝、雪纺、牛仔等。面料材质的质感、肌理、光泽直接影响衬衫款式的风格倾向。不同色彩、质地、图案的面料相结合，给衬衣带来了更多精彩的个性与创作空间（图5-21、图5-22）。

图5-21　材质肌理对女衬衣风格的影响

图5-22　不同材质肌理、不同色彩图案面料的女衬衣设计

4. 女衬衣款式的设计风格

设计风格是一般设计要素所形成的统一的外观效果，具有一定的倾向性。女衬衫款式根据其素色或多色的组合，形成不同的设计风格。

① 前卫风格：款式造型上追求夸张与变形的反差效果，浓重艳丽的色相或黑白色的对比。追求时尚、另类、刺激、开放、奇特和独创等（图5-23）。

② 通勤风格：通勤，指从家中前往工作地点的过程。通勤具有休闲风格，是时尚白领的半休闲主义服装。休闲已成为这个时代不可忽视的主题，它不仅是度假时的装束，而且会出现在职场和派对上。因为这些服饰品给人更加温和，更加贴近自然的感觉，做工细致，重点在于打造干练、简洁、清爽的形象（图5-24）。

③ 民族风格：充满泥土和民俗味的设计风格，质朴而浓郁的服饰搭配。服装常以挑花、刺绣、补花、抽纱、拼镶、扎染、蜡染等装饰工艺点缀，面料一般为棉和麻，款式上具有民族特征，或者在细节上带有民族风格（图5-25）。

④ 休闲风格：设计中借鉴运动服装元素，具有一定的功能性。轻松明快，活力四射，充满青春健康气息（图5-26）。

⑤ 浪漫风格：造型潇洒飘逸，有较多的装饰性设计，色彩纯净，具有绚烂瑰丽的气氛（图5-27）。

⑥ 简约风格：简约风格的服装几乎不

要任何装饰，信奉简约主义的服装设计师们擅长做减法。常常需要精致的材料来表现，通过精确的结构和精致的工艺来完成（图5-28）。

⑦田园风格：田园风格的设计，宽大舒松的款式，天然的材质，崇尚自然而反对虚假的华丽、繁琐的装饰和雕琢的美，表现大自然永恒的魅力。体现的是一种不要任何虚饰的、原始的、纯朴自然的美。纯棉质地、小方格、均匀条纹、碎花图案、棉质花边等都是田园风格中最常见的元素（图5-29）。

图 5-23　前卫风格女衬衣

图 5-24　通勤风格女衬衣

图 5-25　民族风格女衬衣

图 5-26　休闲风格女衬衣

图 5-27　浪漫风格女衬衣

图 5-28　简约风格女衬衣

图 5-29　田园风格女衬衣

二、女衬衣结构设计中线条的运用

服装的结构线是服装造型设计中重要的塑形方法，是根据人体形态及运动的功能要求，在服装上进行的切割线运用。结构线的设计既要满足人们视觉的平衡，又要符合塑造人体美的原则。

（1）线型结构分割的种类

服装中的线根据线型可分为垂直线、水平线、斜线、曲线。服装中的线并不是单纯指几何概念中的线，也可以是几个点元素的连接。

① 直线。垂直线具有强调高度的作用，可带来修长、挺拔的效果。

② 水平线。给人带来平衡、连绵的效果，强调宽度的错视作用。

③ 斜线。斜线关键要把握其倾斜的尺度，斜向分割具有鲜明几何特征，线条简洁。

④ 曲线。曲线柔和优美，具有独特装饰作用，曲线的变化可产生扬长避短的效果。

（2）服装细节设计中的结构线设计

服装的细节结构线是指体现在服装的各个拼接部位，构成服装整体形态的线。

① 省道线。省道是指面料覆盖于人体上，

根据人体体型起伏变化，把面料多余的量省去，制作成适合人体形态的服装。

省道线的运用对人体体型、服装廓型具有较大的影响，是隐蔽的细节设计（图5-30）。

② 分割线。分成装饰分割和结构分割。结构分割线利用分割与面料、色彩等，具有比省道还强的塑形优点。同时从工艺上看，又可化解许多因省道过大带来的工艺不便之处（图5-31）。

装饰分割线是为了更好地塑造人体体型运用的各种体现人体美的分割线（图5-32）。

③ 褶。褶也是为适应人体活动需要，修正体型不足，而将布料折叠缝制成多种形态的，具有立体感、给人自然、飘逸的一种形式。褶分为自然褶与人工褶。

自然褶是利用布料的悬垂性及经纬线的斜度自然形成的褶。

人工褶是人为制造的褶，如褶裥、抽褶、堆砌褶等。

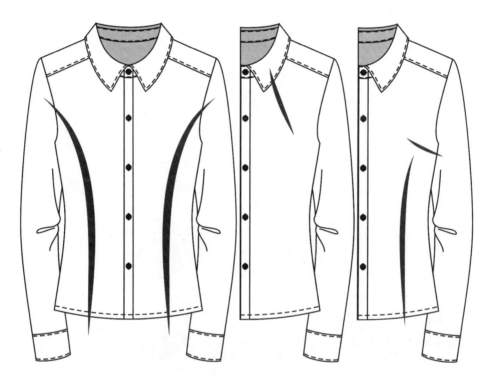

图5-30　女衬衣的省道线变化

图5-31　女衬衣的分割类型

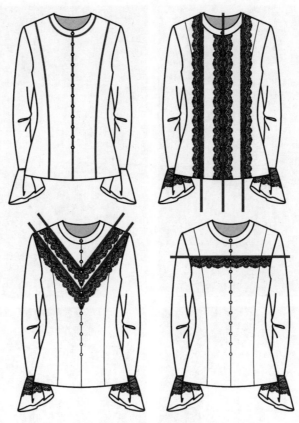

图 5-32　女衬衣的分割变化

三、女衬衣的穿着搭配

1. 单独穿着

单独穿着的衬衣要注意整体与局部，上装与下装的协调关系、流行元素之间的对比与呼应关系。夏季衬衣可采用透气、透湿的丝绸、棉布、麻及各种混纺、化纤类薄型织物；春秋季可选用比较厚的呢绒、牛仔及化纤面料。色彩可根据流行色的系列和季节要求而定，夏季多选择素雅浅淡的色彩和花纹图案（图 5-33）。

2. 组合搭配

搭配套装、毛衣的衬衣常采用略合体的 S 型、X 型造型；单独穿着的衬衣可采用常规基本型和不同组合的造型。款式设计重在对细节的把握程度，搭配套装、毛衫穿着的衬衣尤其重视领型、领口、袖子、腰身的设计，还要考虑内外装之间的尺寸配套关系（图 5-34）。

图 5-33　女衬衣的单穿搭配

图 5-34　女衬衣的组合搭配

思考题:

1. 女衬衣的款式分类有哪些?

2. 试述廓型对女衬衫款式视觉的影响。

3. 对重要的名词解释其内容。

第六章
女衬衣、连衣裙版型设计

本章要点

　　衬衣是一种可穿在内外上衣之间，也可单独穿用的上衣。连衣裙是上衣与裙相连的款式，通过女衬衣与连衣裙衣身比较，表现其各自衣身、领型的不同之处。

衬衫、连衣裙最早要追溯到中世纪的欧洲宫廷女装，那时的审美观念就是要挺胸、细腰、突臀，配以大大的裙摆，修身的衬衫与连衣裙主要是为了展现女性特有的体型线条美，不同的衬衫与连衣裙造型制版的技法也不尽相同。如图6-1所示。

第一节
女衬衣、连衣裙版型

依据人体胸部的具体凸起形态，分别从横向和纵向对胸凸量进行分解，提出横、纵向胸凸量的概念，重点讨论胸部形状对横、纵向胸凸量的影响，并在此基础上进一步分析横、纵向胸凸量的分配对衣身结构平衡及最终版型的影响，以及面料弹性、垫肩及其他相关因素对前衣身胸部凸起造型的影响。最后得出结论：在考虑前衣身结构平衡时，从胸凸量的角度可以更方便直观地处理不同的乳房形态、面料的弹性等因素的影响（图6-2）。

在人体结构中，胸围线、腰围线、臀围线应为三条水平线，但由于女性胸凸量的客观存在，在上衣基本纸样中前后片腰线并不串在一条直线上，前片腰线部多出一部分胸凸量，但初学者误以为前腰线与后腰线是一条线，在制图时往往把胸凸量直接去掉，这样人体着装后，会造成前短后长的问题。

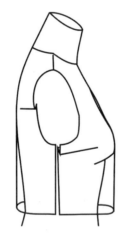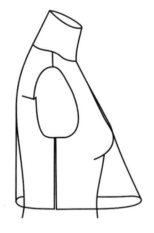

图6-1　衣身与人体外形形态图

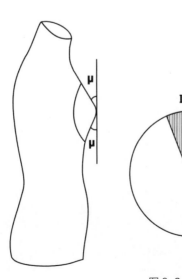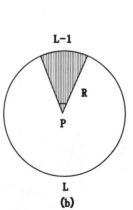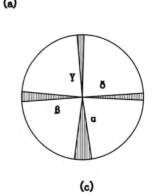

图6-2　胸凸平面展开图

第二节
女衬衣版型

一、时尚款女衬衣版型

1. 造型概述

小翻领、四开身结构、圆摆设计、前后收胸腰省、覆肩设计、一片袖结构、装袖克夫、开袖衩。采用薄材料，贴身穿着，季节为夏季（图6-3）。

2. 成衣制图规格

见表6-1。

图6-3　时尚款女衬衣款式图（背部可自行设计）

表6-1　制图规格　　　　单位：cm

部位 部位代码	尺码代号 代码	号型 150/76A XS	155/80A S	160/84A M	165/88A L	170/92A XL	档差
后衣长	L	98	100	102	104	106	2
胸围	B	84	88	92	96	100	4
腰围	W	66	70	74	78	82	4
臀围	H	88	92	96	100	104	4
袖长	SL	0	0	0	0	0	0
袖口大	CW	0	0	0	0	0	0
肩宽	S	35.6	36.8	38	39.2	38	1.2
腰长	BWL	36	37	38	39	38	1
领围	N	36	37	38	39	38	1
后领座高	a	2.6	2.6	2.6	2.6	2.6	0
后领面宽	b	3.6	3.6	3.6	3.6	3.6	0

3. 时尚款女衬衣衣身平衡图

如图 6-4 所示。

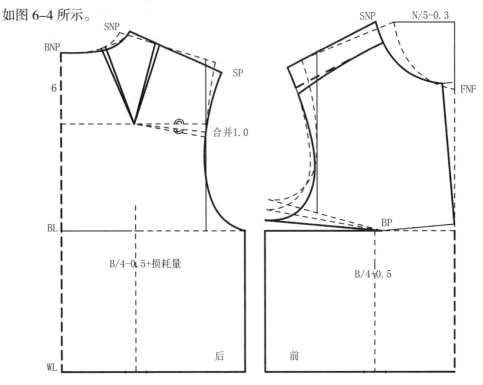

图 6-4　时尚款女衬衣衣身平衡制图

4. 时尚款女衬衣衣身结构制图

如图 6-5 所示。

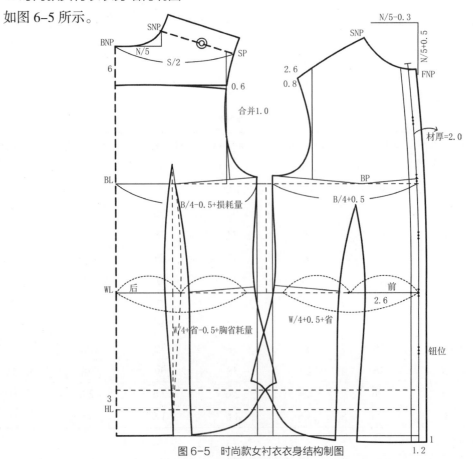

图 6-5　时尚款女衬衣衣身结构制图

5.时尚款女衬衣配袖结构图

如图6-6所示。

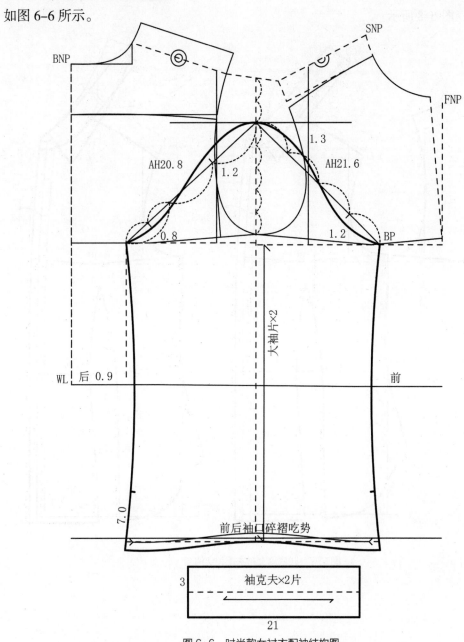

图6-6 时尚款女衬衣配袖结构图

6. 时尚款女衬衣配领结构制图
如图 6-7、图 6-8 所示。

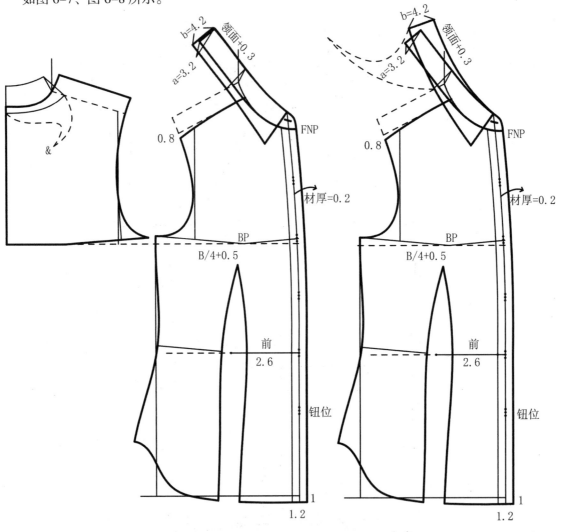

图 6-7　时尚款女衬衣配领结构图

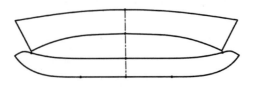

图 6-8　时尚款女衬衣配领切展成品图

二、分箱梯形平衡女衬衣版型

1. 造型概述

　　小翻领、四开身结构、大圆摆设计、前后无胸腰省、覆肩设计、前左胸设计明贴袋、前明翻边设计、一片袖结构、装袖克夫、开袖衩。采用薄材料,贴身穿着,季节为夏季(图6-9)。

图6-9　女衬衣款式图

2. 成衣制图规格

见表 6-2。

表 6-2 制图规格　　　　　　　　　　　　　　　　　　单位：cm

部位	尺码代号	号型 150/76A	155/80A	160/84A	165/88A	170/92A	档差
部位代码		XS	S	M	L	XL	
后衣长	L	56	58	60	62	64	2
胸围	B	82	86	90	94	98	4
腰围	W	64	68	72	76	80	4
臀围	H	86	90	94	98	102	4
袖长	SL	55	56	57	58	59	1
袖口大	CW	20.1	20.8	21.5	22.2	22.9	0.7
肩宽	S	38	39	40	41	42	1
腰节长	BWL	36	37	38	39	40	1
领围	N	36	37	38	39	40	1
后领座高	a	3	3	3	3	3	0
后领面宽	b	4	4	4	4	4	0

3. 分箱梯形平衡女衬衣衣身版型图

该款式由于前门襟不能撇胸，除肩部有一个不对称 BP 的横向分割外，没有省道和分割线，故而前浮量应采用大部分下放的方法给以基本消除，这个方法即为梯形衣身结构平衡（图 6-10）。

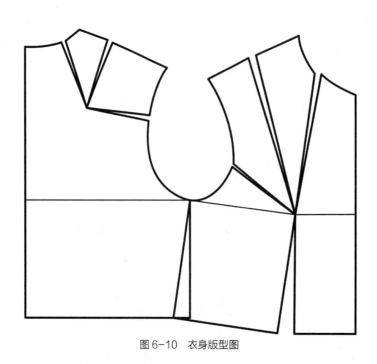

图 6-10　衣身版型图

4.分箱梯形平衡女衬衣衣袖、衣领版型

如图 6-11 所示。

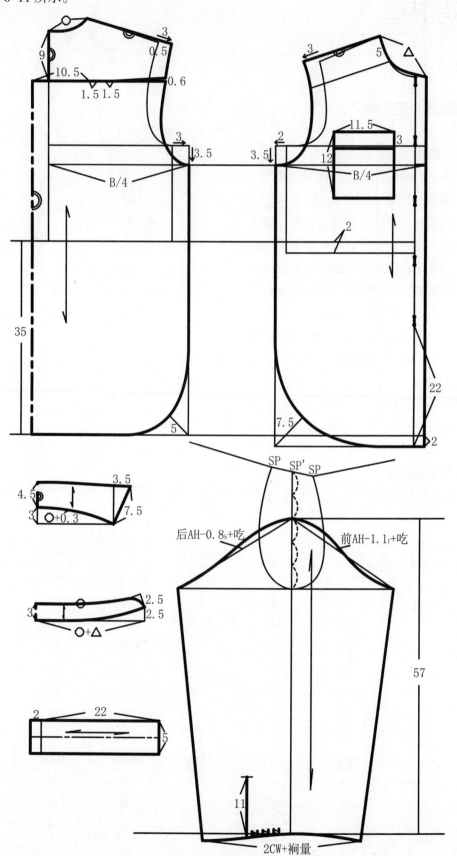

图 6-11　衣袖、衣领版型图

第三节
连衣裙版型

一、V型领无袖连衣裙

1.造型概述

V型领、无袖、前后设计两个胸腰省、腋下左右各有一腋省，后开拉链。半紧身、整体呈A字造型。经典V型领的设计，露出女性的锁骨，同时让脖子显得更加修长、端正而性感，展现女性典雅与柔美，本款连衣裙采用欧美风格，高贵华丽，连衣裙色彩运用是翠绿色的，远看好似一块碧玉，翠色欲流，轻轻渗入玉中，更似一个郁郁葱葱的森林，幽静地衬出女性纤长窈窕的身材（图6-12）。

2.结构要点

前胸围大于后胸围，且前衣上平线高于后衣上平线1cm，胸省设为3.5cm。前肩颈点在正常位置上再下落0.2cm。

3.成衣制图规格

见表6-3。

图6-12　V型领连衣裙款式图

表6-3 制图规格　　　　　　　　　　　　单位：cm

部位	部位代码	号型 尺码代号 150/76A XS	155/80A S	160/84A M	165/88A L	170/92A XL	档差
后衣长	L	92.5	94.5	96.5	98.5	100.5	2
胸围	B	82	86	90	94	98	4
腰围	W	66	70	74	78	82	4
臀围	H	88	92	96	100	104	4
袖长	SL	0	0	0	0	0	0
袖口大	CW	0	0	0	0	0	0
肩宽	S	36/30	37/31	38/32	39/33	40/34	1.0
腰节长	BWL	36	37	38	39	40	1
领围	N	36	37	38	39	40	1
后领座高	a	0	0	0	0	0	0
后领面宽	b	0	0	0	0	0	0

4.衣身平衡制图

由于此款式在前侧缝处有斜形胸省，故可将前浮余量放入消除，所以此款衣身结构平衡是采用箱型结构平衡。考虑到长曲线后衣身给予少量活动量，故在上平线上前衣身比后衣身长1.5cm（图6-13）。

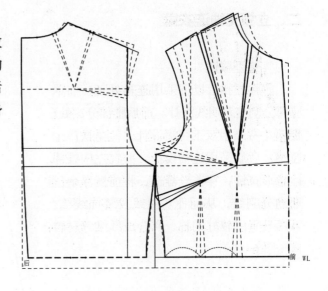

图 6-13　V 型领连衣裙衣身平衡制图

5.衣身结构设计制图

如图 6-14 所示。

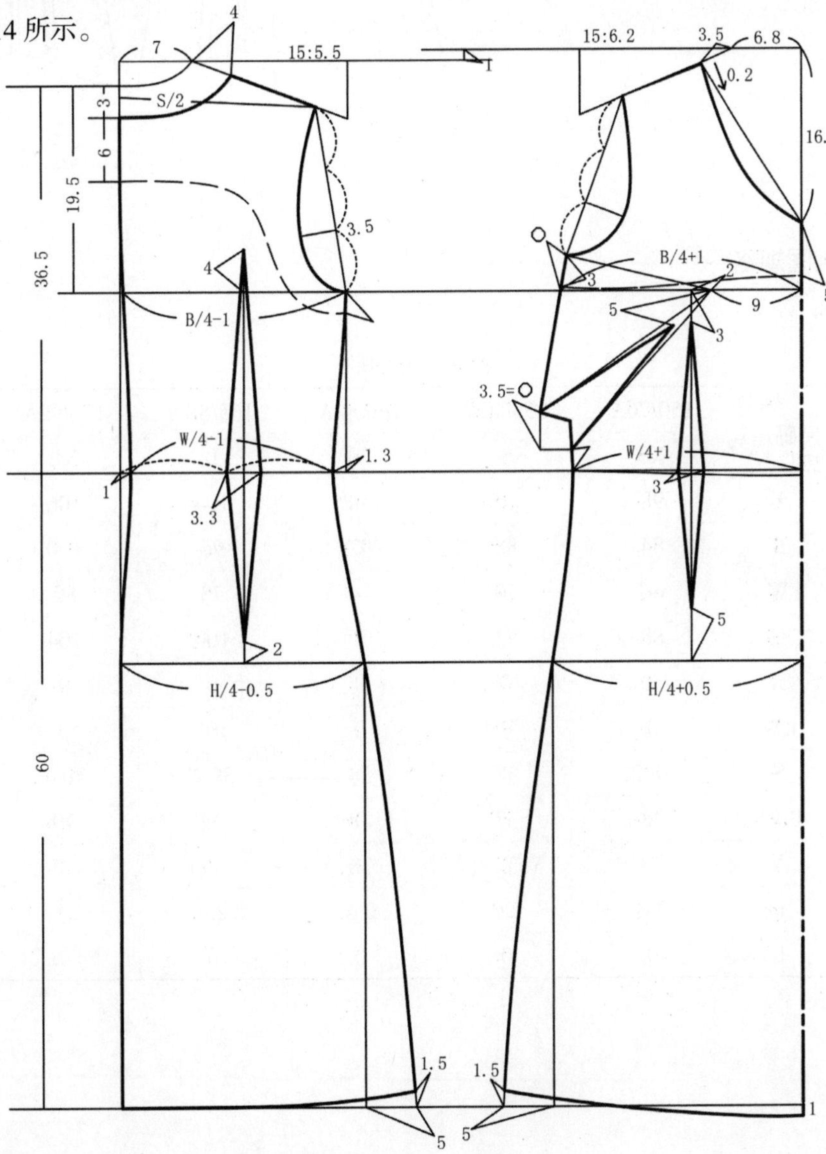

图 6-14　V 型领连衣裙衣身结构

二、立领无袖连衣裙

1.造型概述

前胸开扣，以下采用连褶处理，前罩应用分割盖双明线设计。前后腰部分割处理腰部左右采用双工字褶设计，使裙摆产生逸感，后衣采用连褶设计，并在左中腰部计隐形拉链，穿着较舒适，将前后浮余量理到分割线，从而使功能线及装饰线结合采用悬垂感较好的棉、麻合成纤维等材料作（图6-15）。

图6-15　立领无袖款式图

2.成衣制图规格

见表6-4。

表6-4　制图规格　　　　　　　　　　　　　　单位：cm

部位	部位代码	号型 150/76A 尺码代号 XS	155/80A S	160/84A M	165/88A L	170/92A XL	档差
后衣长	L	98	100	102	104	106	2
胸围	B	84	88	92	96	100	4
腰围	W	66	70	74	78	82	4
臀围	H	88	92	96	100	104	4
袖长	SL	0	0	0	0	0	0
袖口大	CW	0	0	0	0	0	0
肩宽	S	38.2	37	38	39.2	40.4	1.2
腰节长	BWL	38	37	38	39	40	1
领围	N	38	37	38	39	40	1
后领座高	a	2.6	2.6	2.6	2.6	2.6	2.6
后领面宽	b	0	0	0	0	0	0

3. 衣身平衡制图

如图 6-16 所示。

此款式由于在前侧缝有两个分割线,可将前浮余量放入消除,故其衣身结构平衡采用箱形结构平衡形式。

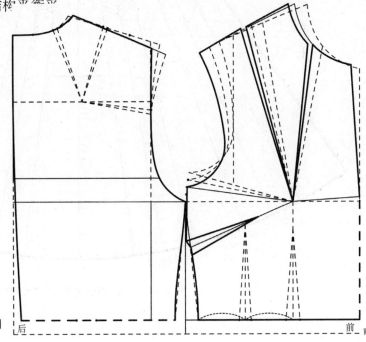

图 6-16 立领无袖衣身平衡制图

4. 衣身结构制图

如图 6-17 所示。

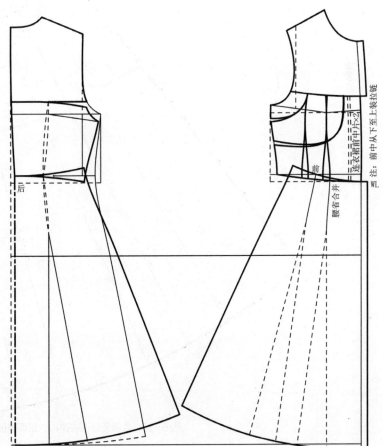

图 6-17 立领无袖连衣裙衣身结构制图

5. 后衣摆展开结构制图

如图 6-18 所示。

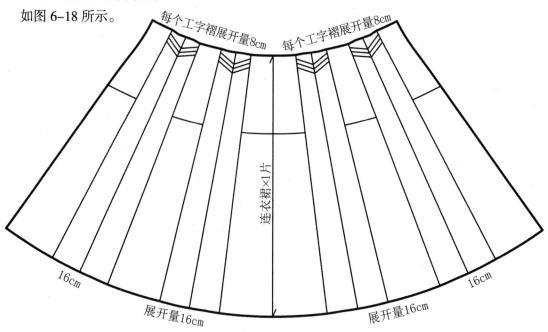

图 6-18　立领无袖连衣裙衣后摆纸样展开图

6. 立领无袖连衣裙前衣摆纸样展开图

如图 6-19 所示。

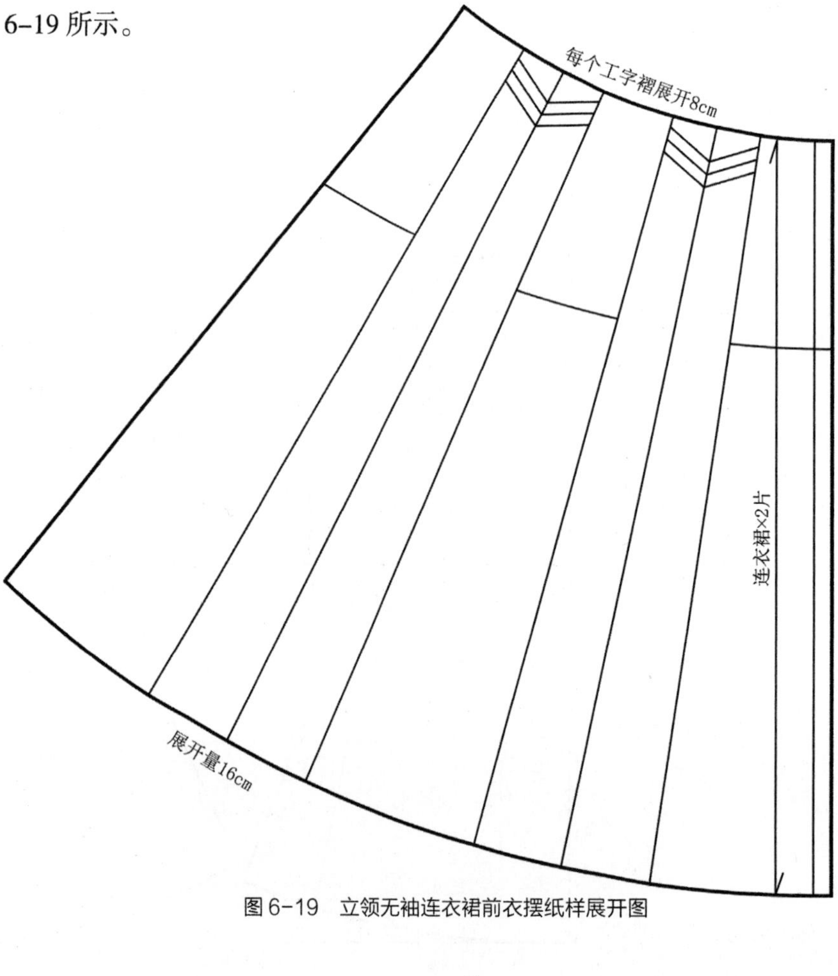

图 6-19　立领无袖连衣裙前衣摆纸样展开图

7. 配领制图

如图 6-20 所示。

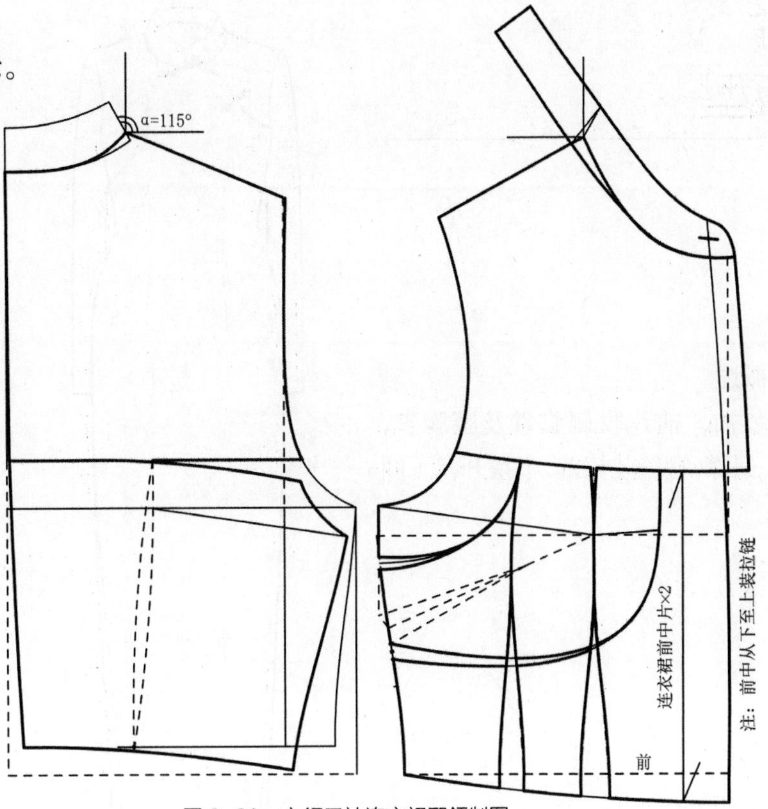

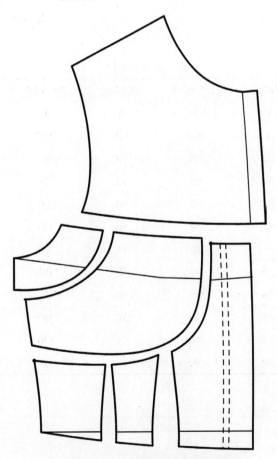

图 6-20　立领无袖连衣裙配领制图

8. 前片纸样

如图 6-21 所示。

图 6-21　立领无袖连衣裙前片纸样

第四节
旗袍版型

一、旗袍

1. 造型概述

立领、装袖，前片收侧胸省及腰胸省，后片收腰省、偏襟，摆缝装拉链，下摆开衩（图6-22）。

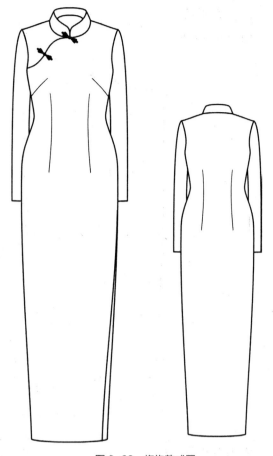

图6-22 旗袍款式图

2. 成衣制图规格

见表6-5。

表6-5 制图规格   单位：cm

部位	尺码代号 代码	号型 150/76A	155/80A	160/84A	165/88A	170/92A	档差
		XS	S	M	L	XL	
后衣长	L	117	121	125	127	129	2
胸围	B	82	86	90	94	98	4
腰围	W	64	68	72	76	80	4
臀围	H	88	92	96	100	104	4
袖长	SL	53	54	55	56	57	1
袖口大	CW	10.2	10.6	11	11.4	11.8	0.4
肩宽	S	36	37	38	39	40	1
腰节长	BWL	36	37	38	39	40	1
领围	N	35	36	37	38	39	1
后领座高	a	3.6	3.6	3.6	3.6	3.6	0
后领面宽	b	0	0	0	0	0	0

3. 旗袍衣身平衡制图

如图 6-23 所示。

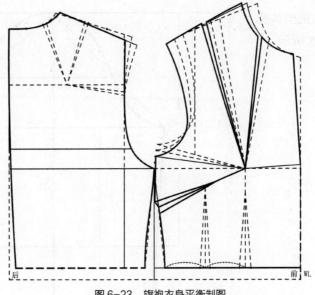

图 6-23 旗袍衣身平衡制图

4. 旗袍衣身结构图

如图 6-24 所示。

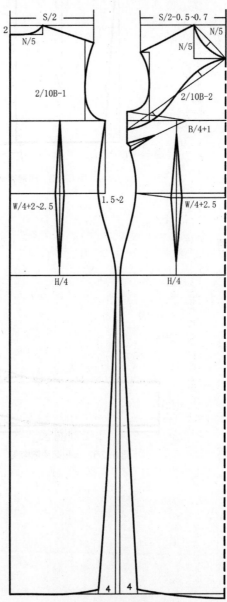

图 6-24 旗袍衣身结构图

5. 旗袍衣袖结构图

如图 6-25 所示。

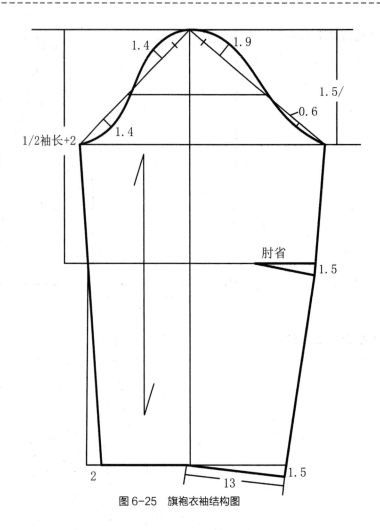

图 6-25　旗袍衣袖结构图

6. 旗袍配领结构图

如图 6-26 所示。

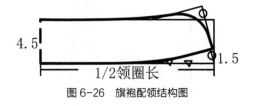

图 6-26　旗袍配领结构图

思考题

1. 女衬衫、连衣裙衣身比较分析?

2. 衣身胸凸量原理分析?

3. 时尚款女衬衣版型要点如何掌握?

4. V 型领无袖连衣裙人体与服装之间的关系?

5. 连衣裙在结构制图时需注意哪些要点?

6. 旗袍前后浮余量的消除方法。

第七章
女衬衣、连衣裙缝制工艺

本章要点

　　女衬衣制作工艺中领子的制作方法与男衬衣领相同，其装袖圆顺，袖口、底摆及袖底十字缝对齐，袖片开衩平服，扣与扣眼相吻合。立领、无袖、不规则裙摆作为这款连衣裙的特点，在缝制时袖窿贴边一定要服贴，以满足穿着舒适度，裙片褶裥规律有韵味。

第一节
女衬衣基本款缝制工艺

图 7-1　衬衣款式图

一、款式图

款式特点：此款式为合体型，仿男式衬衫领，明门襟，前后片收腰省，圆下摆，装袖，袖口抽褶，接袖克夫，门襟 6 粒扣（图 7-1）。

二、排料图

如图 7-2 所示。

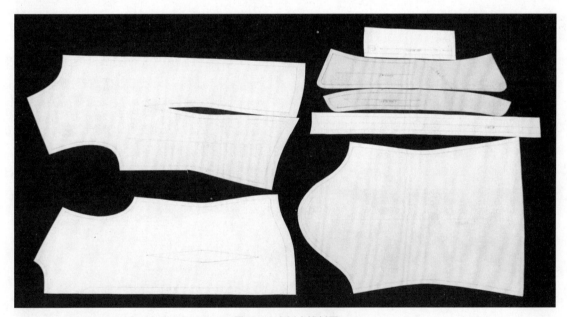

图 7-2　女衬衣排料图

三、适用面料

衬衫的用料选择比较广泛，可以根据穿着对象、年龄、爱好等选择各种亲肤型面料。一般选择薄型天然面料，也可以选择变化多样的薄型混纺及化纤面料。

四、缝制工艺流程

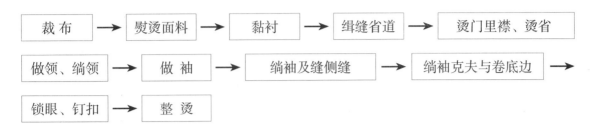

裁 布 → 熨烫面料 → 黏衬 → 缉缝省道 → 烫门里襟、烫省

做领、缉领 → 做 袖 → 缉袖及缝侧缝 → 缉袖克夫与卷底边 →

锁眼、钉扣 → 整 烫

五、缝制工艺步骤

1.熨烫面料

利用纤维的可缩性，适当改变纤维的收缩度与织物经纬组织的密度和方向，塑造服装的立体造型，以适应人体体型与活动的要求，达到立体造型优美、穿着舒适的目的（图7-3）。

2.省道定位及缝制

① 前片省道定位（图7-4），并画出省道定位（图7-5）。

省道定位时毛样版纱向与面料纱向一定要吻合，借用锥子、直尺、划粉来辅助定位，确保衣片省位与毛样版省位一致。

图7-3　女衬衫面料熨烫

② 缝制省道时，省尖部位的胖形要烫散，不应该有细褶。后腰省向后衣片中心线方向倒烫。熨烫时腰节部位稍拔开，使省缝平服，不起吊。后片省道线要缉顺直（图7-6），前片省道下摆处打来回针（图7-7）。

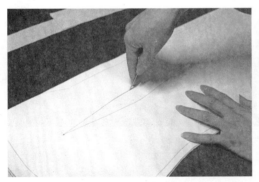

图7-4　前片省道定位

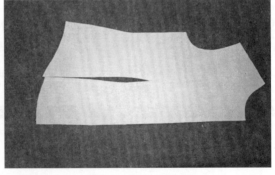

图7-5　画出前片省道

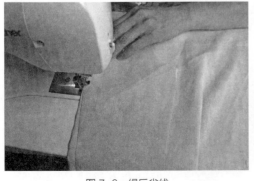

图7-6　缉后省线

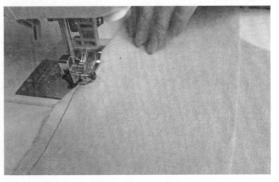

图7-7　缉前省线

3. 领子、门襟、袖克夫零部件黏合无纺衬及树脂衬

如图 7-8 ~ 图 7-13 所示。

图 7-8 领面熨衬

图 7-9 领座熨衬

图 7-10 袖克夫熨衬、扣烫

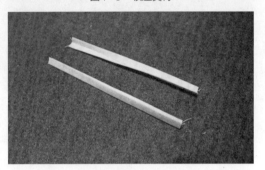

图 7-11 袖衩熨衬、扣烫

4. 做、装门里襟

图 7-12 门襟熨衬、扣烫

图 7-13 门襟单边扣烫 1cm

装门襟，右前衣片朝上，将门襟夹住衣片 1cm，上下对齐后，再闷缝固定。最后在门襟止口处缉缝 0.1cm 的明线。门襟正面延边缉 3cm 明线（图 7-14）。

图 7-14 门襟正面对前片反面

5. 做领

① 扣烫。上领沿边扣烫 1cm。领座按净线扣烫领底线 0.8cm（图 7-15）。

② 合上领。将上领的面里正面相对，领面放上，沿缝合上领，要求在领角处领面稍松，领里稍紧，让领子有服帖感（图 7-16）。

③ 修剪、扣烫缝份。先把领角的缝份修剪留 0.3cm（图 7-17），将领面朝上，沿缝线扣烫后，翻到正面，在领里将领止口烫成里

外匀（图 7-18）。

④ 上领领止口缉明线 0.5cm（图 7-19）。

⑤ 领座缉 0.7cm 固定（图 7-20）。

⑥ 缝合固定上下领。将上领夹在两片下领中间并对齐，按净线缝合，缝份为 0.8cm（图 7-21、图 7-22）。

⑦ 修剪、翻烫领子。修剪下领的领角留 0.2cm，将领角烫成平止口。

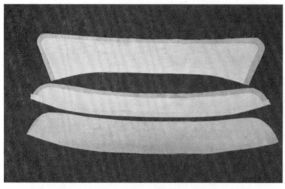

图 7-15　扣烫

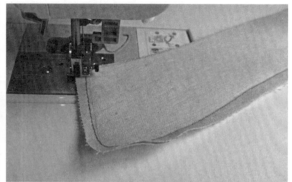

图 7-16　合上领

图 7-17　领角修剪留下 0.3cm 缝份

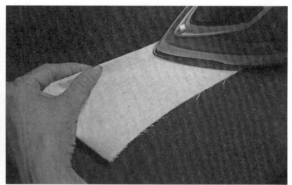

图 7-18　领子圆角对称圆顺

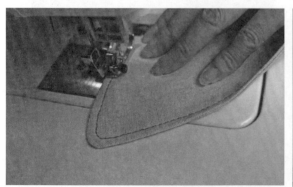

图 7-19　领子缉明线 0.5cm

图 7-20　领座缉线 0.7cm

图 7-21　绱领座

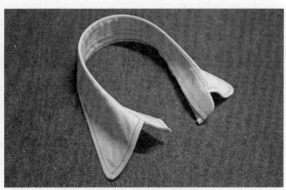

图 7-22　领子完成图

6. 装袖衩

在袖片的反面按样版画出袖衩和褶裥位置，将两袖片正面相对对齐后，把袖衩位置的 Y 形剪开，褶裥位置打剪口。

7. 做袖克夫

① 将袖克夫反面朝上，上口折烫留下 1cm，两边按 1cm 缉缝（图 7-23）。

② 翻折、整烫袖克夫（图 7-24）。

8. 合肩缝

① 将前后衣片正面相对，对准后肩缝，按 1cm 的缝份缝合（图 7-25）。

② 肩缝锁边（图 7-26）。

图 7-23　用锥子协助挑出尖角

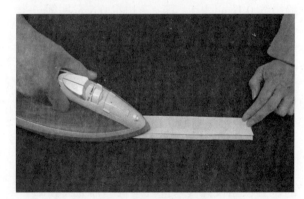

图 7-24　袖克夫熨平

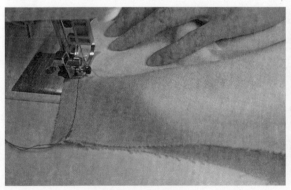

图 7-25　合肩缝

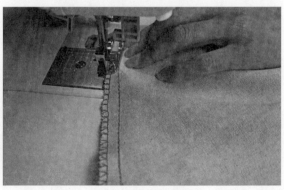

图 7-26　肩缝锁边

9. 绱领

① 装领。下领面在上，与衣片正面相对，在衣片领圈处将后中点、左右侧颈点对准领里的后中点、左右侧颈点，按 0.8cm 缝份缝合（图 7-27、图 7-28）。

② 闷领。将下领面盖住下领面线，接住下领缝合线明线的一侧连续缉缝 0.1cm 至下领面的领底线到另一侧。要求：两侧接线处缝线不双轨，领底缝线不超过 0.3cm。

10. 绱袖子

袖的袖中点与衣片肩点对齐、袖底点与袖窿底点对齐，袖山对齐，车缝 1cm 固定。缝好后锁边。

11. 缝合袖底缝、侧缝、卷底边并锁边

将袖底缝、前后衣片侧缝对齐，袖窿底点对齐，从底摆处开始连续车缝侧缝和袖底缝。

12. 装袖克夫

将袖克夫夹住袖口缝份 1cm，沿边用闷缝缉缝 0.1cm 固定，其余三边缉 0.6cm 明线。

13. 卷底边

将底摆的 2.5cm 缝份，扣烫出宽为 1cm 的折边，然后在折进 1.5cm，最后在底摆反面沿折边缉 1.4cm 宽的明线（图 7-29）。

14. 锁眼、钉扣

① 锁眼。门襟领座横扣眼 1 个，门襟锁直扣眼 5 个，扣眼沿门襟边为 1.5cm，扣眼的位置根据设计要求进行定位。袖克夫扣眼在大袖衩一边，为横扣眼 1 个。离边沿 1.5cm，居袖克夫中部。

② 定扣位。门里襟并齐，放平，定位时必须把门襟翻起，用铅笔点位做记号，定位要正确。

③ 钉扣。按点位钉扣，钉扣时上下针脚要整齐。

15. 整烫

整烫，剪净衣服上的线头，按顺序烫平门襟、省缝、侧缝、肩缝、领子、袖子、下摆等部位。

图 7-27　装领时要与衣片的剪口对齐

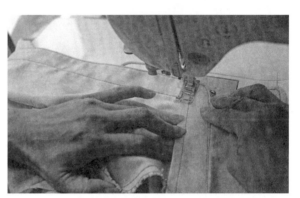

图 7-28　领子盖线为 0.1cm，下片带紧

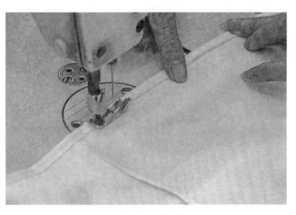

图 7-29　卷底边

六、成衣图

如图 7-30、图 7-31 所示。

图 7-30　正面

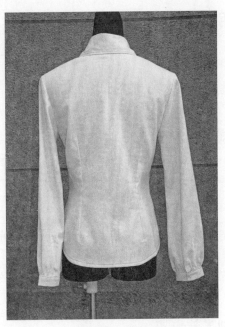

图 7-31　背面

第二节
时尚连衣裙缝制工艺

一、款式图

款式特点：立领，断腰节，前、后片都设有横向、纵向分割并辑装饰造型线，裙片左右两边不对称，设有多个工字褶（图7-32）。

二、排料图

如图7-33所示。

图 7-32　连衣裙款式图

图 7-33　连衣裙排料图

三、适用面料

可使用薄型或中厚型棉布、化纤、薄型牛仔面料。可撞色、可拼接，展现不同风格。

四、缝制工艺流程

裁布 → 黏衬、锁边 → 缝合前、后片分割线 → 缝合肩缝

→ 固定工字褶 → 缝合前、后腰节分割线 → 做领、缲领 →

右摆腰节处装隐形拉链 → 卷下摆贴边 → 整烫

五、缝制工艺步骤

① 根据纸样进行排料、裁布，并将裁片锁边。

② 贴衬。挂面（图7-34）、领子（图7-35）袖窿贴边等零部件贴无纺衬。

③ 缝合前片胸部造型分割片，将分割片正面相对叠合缉缝 1cm（图7-36）。

④ 翻至反面分烫缝份（图7-37）。

⑤ 在正面沿分割缝分别缉 0.8cm 和 0.2cm 装饰明迹线（图7-38）。

⑥ 将前片缝好的分割线反面缝份分烫，正面熨平（图7-39）。

⑦ 缝合后片纵向分割片，将分割片正面相对叠合缉缝 1cm（图7-40）。

⑧ 翻至反面分烫缝份（图7-41）。

图7-34　挂面贴衬

图7-35　领子贴衬

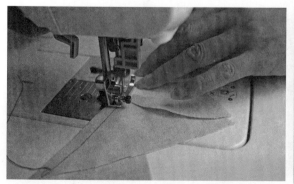

图7-36　缉缝 1cm

图7-37　分烫缝份

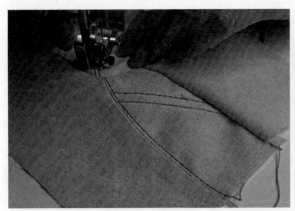

图 7-38 缉明迹线

图 7-39 熨烫衣片

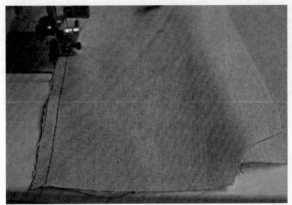

图 7-40 缉缝 1cm

图 7-41 分烫缝份

⑨ 在正面沿分割缝缉 0.2cm 装饰明线迹（图 7-42）。

⑩ 缝合前门襟正面相对叠合缉缝 1cm（图 7-43）。

⑪ 缝合前片分割片。将前门襟与前片分割片正面相对叠合缉缝 1cm（图 7-44）。

⑫ 固定工字褶。按褶位折叠前后腰围的褶，将其在距离净线外 0.3cm 处车缝固定（图 7-45）。

⑬ 缝合腰节。把上衣片和下裙片正面相对叠合缉缝 1cm。然后用熨斗在反面将缝份熨倒一边，正面熨烫平整。后片与前片同理（图 7-46）。

⑭ 做领。

扣烫。领座按净线扣烫领底线 0.8cm。

合领。将领子的正面与正面相对，按缝份缉缝（图 7-47）。

修剪、扣烫缝份。先把领角的缝份修剪留 0.3cm，翻到正面熨烫平服（图 7-48）。

图 7-42 缉明迹线

图 7-43 熨烫前门襟缝份

⑮缝合肩缝将前、后肩缝正面相对缝合，松紧一致，缝份为1cm并分缝熨烫平服（图7-49）。

⑯绱领。下领面在上，与衣片正面相对，在衣片领圈处将后中点、左右侧颈点对准领里的后中点、左右侧颈点，按0.8cm缝份缝合（图7-50）。

⑰盖领。将下领面盖住下领面线，接住下领缝合线明线的一侧连续缉缝0.1cm至下领面的领底线到另一侧（图7-51）。

⑱缝合袖窿贴边

将扣烫好的袖窿贴边正面相对缉缝1cm，然后分烫分缝（图7-52）。

将袖窿贴边和衣身袖窿正面相对缉缝1cm，肩缝对准肩缝（图7-53）。

把绱好的袖窿贴边翻至反面熨烫平服（图7-54）。

⑲合左侧缝。

将连衣裙前、后裙片左侧缝正面相合，腰节分割线处、臀围线处对齐，从袖窿开始向下缝合8cm，接着从臀围线缝合至下摆，缝份为1.3cm，留出绱隐形拉链位置，并将隐形拉链的地方按照净样缝线扣烫好。

将拉链拉开，拉链与左侧缝正面相合，拉链齿边与净缝对齐，用单边压脚沿齿边将拉链与裙身缉合，起、止点打倒回针。拉链下端应长过臀围点3cm。绱隐形拉链时拉链应稍拉紧，拉链平服，不起链形皱纹。

⑳合右侧缝。连衣裙右侧缝面与面相合，上下层面料松紧一致，缝份为1cm，分缝熨烫平服（图7-55）。

㉑烫分割缝、侧缝。将分割缝、侧缝分开烫平，腰节处适当拉伸，以便穿着后腰部自然吸近且无吊紧感。

㉒烫领口、袖口（图7-56）。连衣裙反面在外，将前、后领口、袖口熨烫平服。

㉓烫底边。在烫凳上将底边定型服贴，不出现起皱现象。

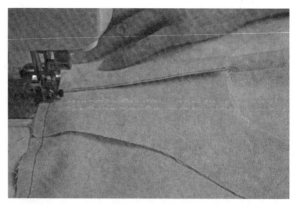

图7-44　缝合前片

图7-45　粗缝褶位

图7-46　熨烫平整

图7-47　缝合领子

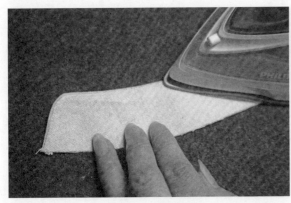

图 7-48 扣烫领子

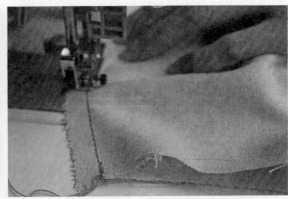

图 7-49 缝合肩缝

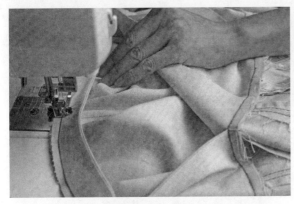

图 7-50 绱领

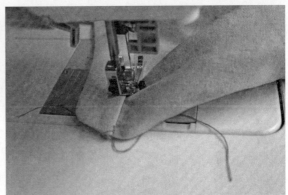

图 7-51 盖领

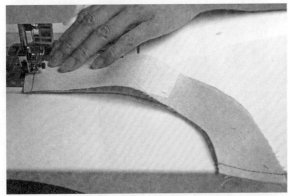

图 7-52 缝合袖窿贴边

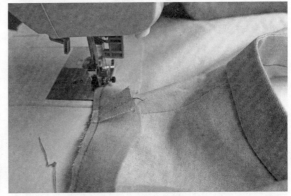

图 7-53 绱袖窿贴边

图 7-54 熨烫袖窿贴边

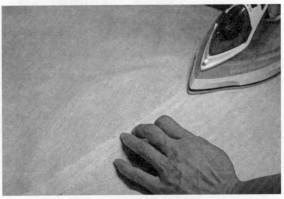

图 7-55 分烫侧缝

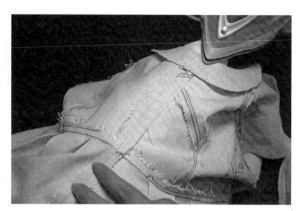

图 7-56　整烫

六、成衣图

如图 7-57、图 7-58 所示。

图 7-57　正面

图 7-58　背面

思考题

1. 袖窿贴边如何缝制？

2. 制作无袖时对袖窿弧度大小有要求吗？

3. 衬衫领的制作步骤是什么？

4. 左、右门襟制作方法一样吗？如何制作？

第八章
女外套款式设计

本章要点

主要讲授女外套的演变，了解外套款式的分类及外套整体与局部的基本设计表现；通过对外套经典款式的分析，提高审美及设计能力。

第一节
女外套款式概述

外套，又称为大衣，是穿在最外的服装。穿着时可覆盖上身的其他衣服。外套前端有纽扣或者拉链以便穿着，外套一般用作于保暖或抵挡风雨及其他。

外套的历史比任何一种类型的服装都要久远。外套的语言，一直表达着极尽简约的务实风格。如万能外套，19世纪初在英国被称为两用领大衣。在第一次世界大战时就被推出为战地军服，并在此基础上完善功能，设计出战壕服。二线时，其防雨防风的细部设计成为服装仿生学和功能化的集大成者。外套的推广如图8-1、图8-2所示，当时的战壕服装又加强了它的使用范围和时间，为其成为"万能外套"奠定了基础。直至现在，外套已经成为人们生活中的常用的服装。如图8-3~图8-5所示。

图8-1　披风外套

图8-2　万能外套的演变

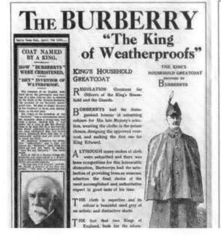 

图8-3　战壕服

图 8-4 战壕服的演变（一）

图 8-5 战壕服的演变（二）

第二节
女外套款式分类

外套款式可按季节、长短、风格分类。

1. 按季节分

可以分为春秋款、夏款、冬款，即常规所说的厚款、中厚款、薄款。大家都会根据季节和变化来选择外套。其中，中厚款因其适用范围较广，是大家选择比较多的（图8-6 ~ 图8-9）。

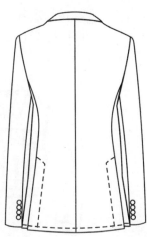

图 8-6 西装外套

图 8-7　牛仔外套　　　　　　　　　　　　　　图 8-8　夹克外套

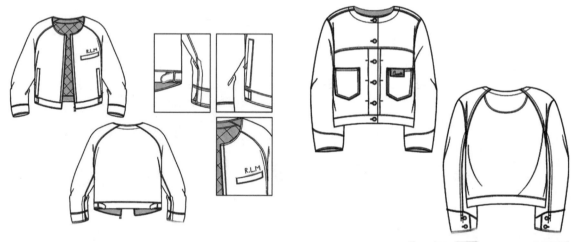

图 8-9　罩衫外套

2. 按长短分

可以分为长款、中长款、常规款、短款

如图 8-10 ~ 图 8-12 所示。至于选择什么样的款式，则要根据每个人的身高、喜好等。

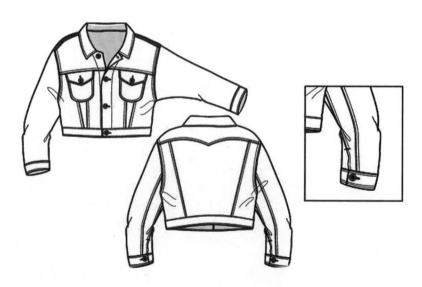

图 8-10　短款

图 8-11 常规款外套

图 8-12 中长款外套

3.按风格分

可分为优雅风格、田园风格、休闲风格、运动风格、嘻哈风格等，每一款外套都有其不同的风格。对于不同年龄层的人来说，要选择与年龄适合的风格。

（1）优雅风格

优雅是指端庄、浪漫、诙谐、严谨、精致。优雅风格讲究细部设计，强调精致感觉，色彩多为柔和的灰色调，用料比较高档，具有时尚感、华丽的服装风格。如图 8-13、图 8-14 所示。

图 8-13 经典优雅外套

图 8-14　经典灰色外套

（2）田园风格

　　崇尚自然，反对虚假的华丽、繁琐的装饰和雕琢的美。摒弃了经典的艺术传统，追求田园一派自然清新，以明快清新、具有乡土风味为主要特征，以自然随意的款式、朴素的色彩表现一种轻松恬淡的、超凡脱俗的情趣。其中纯棉质地、小方格、均匀条纹、碎花图案、棉质花布的面料及装饰都是田园风格中最常见的元素。如图 8-15、图 8-16所示。

图 8-15　田园外套

图 8-16　田园系列外套

（3）休闲风格

休闲风格外套，俗称便装。休闲装是相对于正装来说的，凡有别于严谨、庄重的，比较轻松、随意、休闲，适合日常穿着的便

装等都可称为休闲装。休闲装一般有前卫休闲、运动休闲、浪漫休闲、古典休闲、民俗休闲和乡村休闲等。如图8-17～图8-21所示。

图 8-17　休闲经典款外套

图 8-18　浪漫休闲外套

图 8-19　针织休闲外套

图 8-20　针织休闲外套效果图及成品图

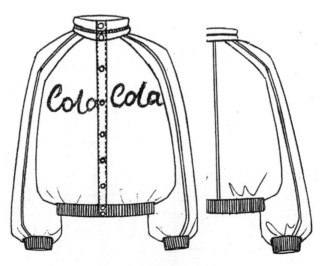

图 8-21　休闲运动风格外套

（4）运动风格

运动风格的外套穿着舒适，便于运动。运动服是功能性较强的服装，如图8-22所示。

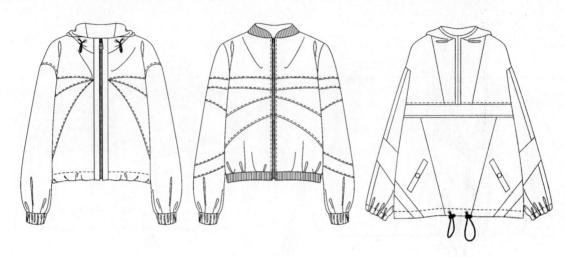

图8-22　运动风格外套

（5）嘻哈、朋克风格

虽然说嘻哈很自由，但还是有些明确的服装标准，好比宽松的上衣和裤子、帽子、头巾或胖胖的鞋子。衬衫、刷白牛仔裤、任务靴和渔夫帽，形成嘻哈中的时尚感。整体来说，美国是嘻哈发源地，嘻哈仍为主流穿法，低调、极简的日式嘻哈属于小众潮流，如图8-23所示。

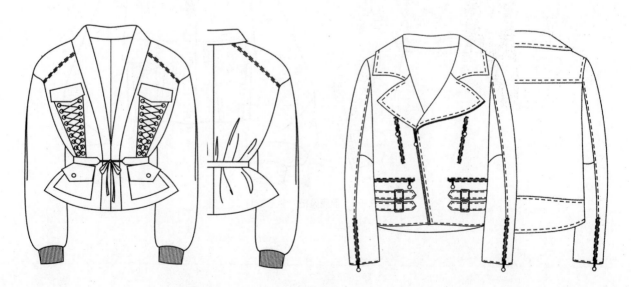

图8-23　嘻哈外套

20世纪90年代以后，朋克风格的主要特色是鲜艳、破烂、简洁、金属。朋克的另外特征是服装的破碎感和金属感。常见的装饰图案有骷髅、皇冠、英文字母等，如图8-24、图8-25所示。

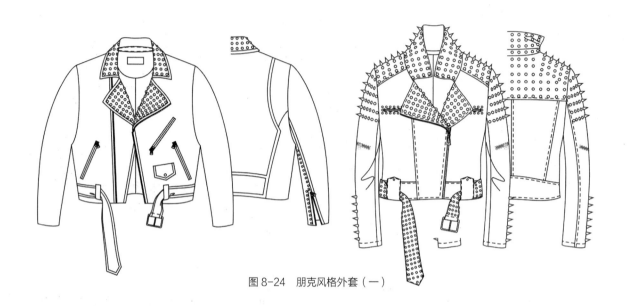

图8-24　朋克风格外套（一）

图8-25　朋克风格外套（二）

（6）OL 风格

OL 是英文 Office Lady 的缩写，通常指上
班族女性，OL 时装一般来说是指套裙，适合
办公室穿着，如图 8-26、图 8-27 所示。

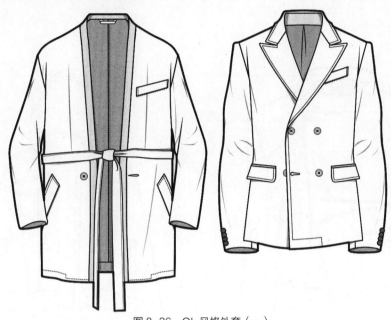

图 8-26　OL 风格外套（一）

图 8-27　OL 风格外套（二）

（7）欧美风格

设计特点随性、简单，不同于以简约优雅著称的英伦风。它随性的同时，讲究色彩的搭配，与后期的波希米亚风融汇，使之欧美风更广泛，并很国际化，如图 8-28 所示。

图 8-28　欧美风格外套

第三节
女外套衣领设计

一、衣领的基本概述

衣领是服装中最重要的部件，与人的颈部、面部、胸部紧紧相连，在整体造型中常常成为人们的视觉中心。在服用功能上具有防风、隔层、保暖散热等，并平衡和协调服装的整体视觉形象，具有防护和装饰的作用。

外套衣领的主要部分如图 8-29 所示。

A. 颈后中点。　　B. 颈侧点。

C. 肩端点。　　　D. 颈前中点。

a. 领上口：领子外翻的翻折线。

b. 领下口：领子与衣身领窝的缝合部位。

c. 领外口：领子的外沿部分。

d. 领座：领子自翻折线至领下口的部分。

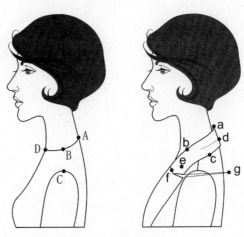

图 8-29　外套衣领各部

e. 翻领：领子自翻折线至领外口的部分。

f. 领串口：领面与挂面的缝合部位。

g. 领豁口：领嘴与领尖间的最大距离。

二、衣领的分类

衣领的分类主要包括翻领、立领、驳领、圆领等各种领型。如图 8-30 ~ 图 8-32 所示。

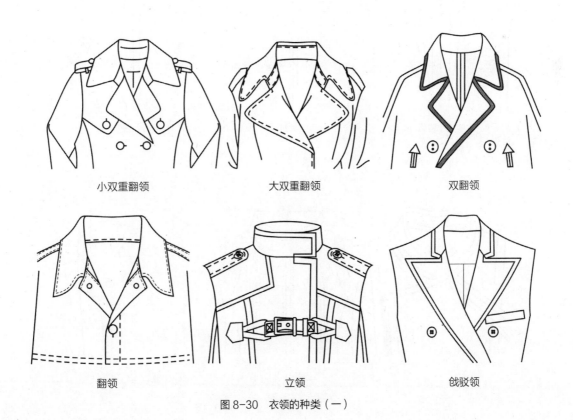

| 小双重翻领 | 大双重翻领 | 双翻领 |
| 翻领 | 立领 | 戗驳领 |

图 8-30　衣领的种类（一）

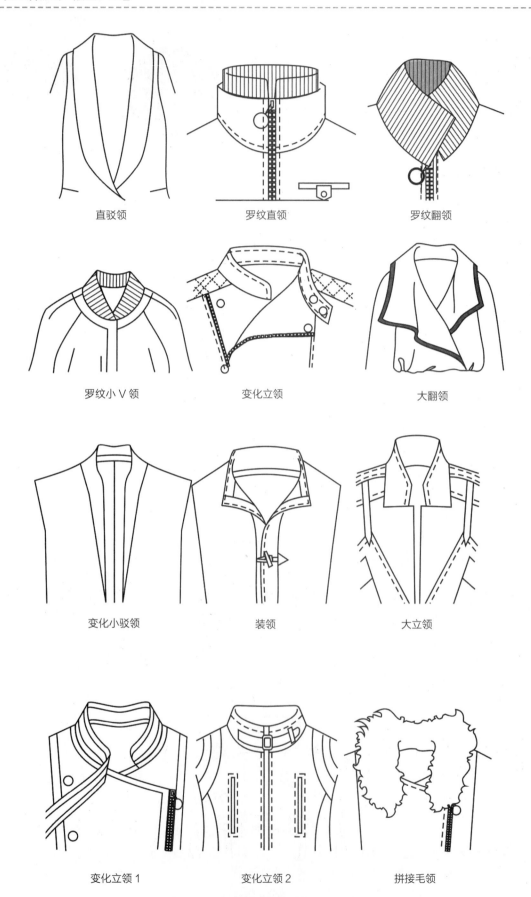

直驳领　　　　　罗纹直领　　　　　罗纹翻领

罗纹小V领　　　　变化立领　　　　　大翻领

变化小驳领　　　　装领　　　　　　大立领

变化立领1　　　　变化立领2　　　　拼接毛领

图8-31　衣领的种类（二）

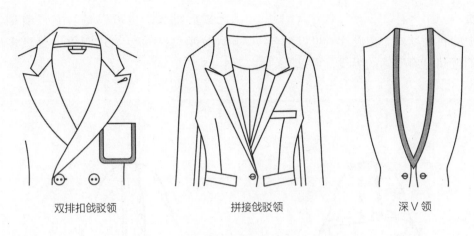

双排扣戗驳领　　　　　　拼接戗驳领　　　　　　深 V 领

图 8-32　衣领的种类（三）

三、衣领的设计

1. 立领

又叫中国领，是具有中国特色的领子，通常搭配旗袍装、学生装及中装，常用在正装中，令人感觉非常正式和传统。

立领领型设计注重领型的变化，开门的位子，长短的变化，立领的高低变化，领型的方圆，曲直变化及立领的边缘及扣门方式的变化（图 8-33）。

2. 翻领

根据领面翻折形态可分为小翻领和大翻领，常用于衬衫、夹克、运动装。

翻领的设计注重开门位置与深浅的变化，翻领的大小与宽窄的变化，领尖的形态变化，翻驳头的变化，翻驳领穿线位置的变化，翻领领型的方、圆、曲，直的变化等（图 8-34）。

图 8-33　立领的设计图

图 8-34　翻领的设计图

3.V领

领型中的各种款式，在设计时可以综合运用，它们之间没有明确的界线，可以是前无领后翻领，也可以是后立领前翻领，领型的变化在女装款式变化中是最多的（图8-35）。

图 8-35　V 领连帽的设计

第四节
女外套衣袖设计

一、衣袖的基本概述

衣袖是覆盖人体上肢部的物件,人体上肢是通过肩、肘、腕等部位进行活动的,也是人体活动量最大的部分,衣袖是服装上较大的部件,主要可分为袖山、袖身和袖口三部分,其袖身形状一定要与服装整体相协调,衣袖与衣身的造型是否协调主要取决于袖肥和袖山,因此合理地配置袖子,必须了解人体手臂与袖子及衣身构成的原理。

1. 人体手臂构成与活动的关系

手臂是由臂山高、臂围和臂长三个部位组成,当手臂活动向上平举时臂山缩短,手臂活动向下垂直时臂山增长,活动时合体袖与手臂围的空隙两侧各为1cm左右。

2. 衣袖与袖窿的关系

衣袖和袖窿的组合与手臂的构成关系密切,在配袖时必须先确定衣身袖窿。袖窿深线根据整体造型而定。

3. 袖肥与胸围的关系

为使配袖合理,袖肥规格应以胸围规格为基数构成,不同的胸围放松量确定不同的袖肥规格。

4. 袖肥与袖山的关系

袖窿弧长(AH)是配袖的主要依据,袖肥与衣身又有密切的协调关系,因此当袖窿规格不变时,袖肥大袖山浅,反之,袖窿小袖山深。

二、袖型的分类

衣袖根据袖子的长短、与衣身的连接方式、袖片的数量及合体的程度来确定衣袖的袖型,具体分类如下。

1. 按长度分

分为无袖、短袖、中袖、长袖等(图8-36)。

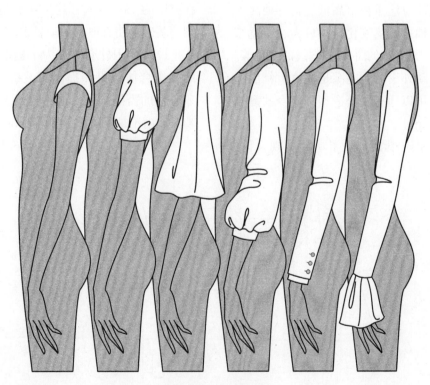

图8-36　袖子的长短

2. 按结构分

分为装袖、连身袖、插肩袖（图8-37）。

图 8-37　袖子的结构

3. 按合体程度分

分为常规袖、合体袖、宽松袖（图8-38）。

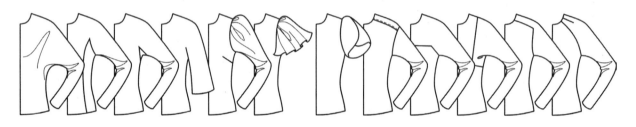

图 8-38　袖子的合体程度的变化

三、衣袖造型设计的要点

衣袖设计应注重袖山高低变化，袖窿大小的变化，袖的连肩变化，袖口大小，宽窄形态的变化，袖底边的曲、直、斜线的变化等。

设计运动外套时，要满足人体大幅度运动的需要，可以通过宽松造型和松身袖窿来达到效果。

设计西装外套时，为了满足美观合体，

甚至起到修饰体型的需要，外衣的胸围放松量一般都不会过大，其中袖窿弧长一般控制在胸围的48%左右，这样在满足合体美观造型的基础上使衣袖的活动量也较为适宜。

设计休闲外套时，为了追求衣身和衣袖的平衡合体效果和提高服装的穿着舒适性、兼容性的需要，可以通过提倡宽圆肩、开深袖窿、减窄袖窿宽来达到理想的合体袖型。

如图8-39~图8-41为不同衣袖的设计。

图 8-39　落肩袖的设计

图 8-40　衣袖的变化

图 8-41 袖子的造型设计

第五节
女外套整体设计

一、整体设计的设计要素

服装整体的设计要素主要包括款式、色彩、面料女外套设计关键部位见图8-42。

单件整体设计如图 8-43、图 8-44 所示。可从细节、型、领型、袖型上进行处理。

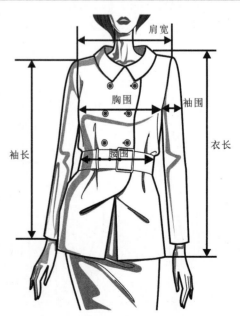

图 8-42 女外套设计关键部位

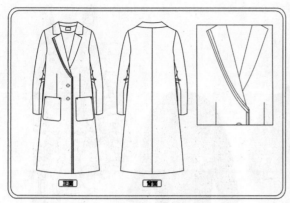
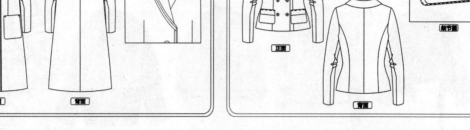

图 8-43 单件整体设计图（一）　　　　　图 8-44 单件整体设计图（二）

系列设计如图 8-45 所示。

图 8-45 系列设计图

二、整体设计的变化

　　在整体设计中，一定要保持服装的一致性。在设计服装的同时，在整体中突出服装的细节变化，如门襟的变化、领型的变化、下摆的变化、口袋的变化、扣子的装饰变化以及结构线的分割变化等，以此可以体现整体设计的变化（图 8-46 ~ 图 8-52）。

　　外套的整体设计中，应注意影响款式风格的各个因素，如图 8-46 中的左图所示，门襟采用双排扣，门襟两侧下摆开衩，并产生强烈的下摆落差，从视觉上强调节奏动感，使服装体现出干练、潇洒帅气的风格感；右图中外套款式简洁，搭配平驳头，对袖子的长度变化进行了设计，增添了外套款式整体的比例对比美感，使休闲款式中又带有俏皮感。

图 8-46 整体设计

图 8-47　夹克形式短外套的整体设计

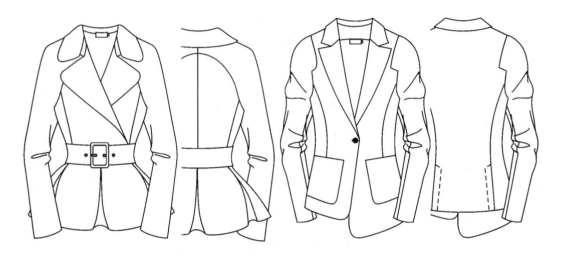

图 8-48　领口的整体变化

图 8-49　拼接布的整体设计

图 8-50　线缉装饰的整体设计

图 8-51　民族元素的整体设计

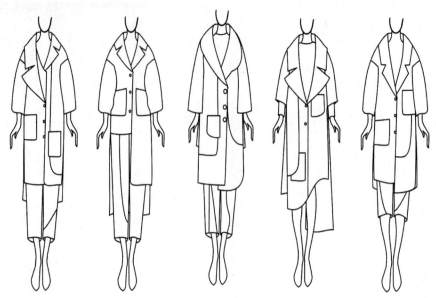

图 8-52   分割线的整体设计

　　总之，服装外套的整体设计可以通过图案、造型、面料、色彩、结构线等细节的变化，展现出不同的女装风格。

思考题：

　　1. 女外套款式分类有哪几种？

　　2. 试述秋冬季女外套衣袖造型设计要点。

第九章
女外套版型设计

本章要点

通过对多种外套的结构分析，重点阐述了女外套款式结构分解的程序，以及各款式造型结构的特点。

第一节
女外套款式结构分解程序与类型

女外套服装造型图的结构分析通常有以下几点：相关部位的规格确定，细部结构的计算比例关系，特殊部位的结构透视分析，内外层结构的相互吻合比例关系。

女外套结构造型分析具体要点如下：

A 型服装是以紧身型为基础，用各种方法放宽下摆，形成上小下大的外轮廓型，用于女装给人产生华丽、飘逸的视觉感受。

H 型服装是用直线构成矩形轮廓，遮盖了胸、腰、臀等部位的曲线，它能使服装与人体之间产生空间。H 型服装一般为浪漫都市风格款版型，可掩盖许多体型上的缺点，并体现多种风格。

X 型服装是通过肩（含胸）部和衣裙下摆做横向的夸张，腰部收紧，使整体外型呈上下部分宽松夸大、中间小的造型。X 型与女性身材的优美曲线相吻合，可充分展示和强调女性魅力，显得富丽而活泼，一般用在欧美简约风格外套版型。

O 型服装是上下收紧的服装廓型。一般用于朋克衫风格版型，O 型的服装外轮廓线相对柔和，整体包裹着身体，使其获得充分的自由，体现卡通动漫圆润可爱的效果。

第二节
翻折领两片袖女西服外套版型

表 9-1 制图规格 单位:cm

部位 代码	部位 尺码代号 代码	号型 155/80A XS	155/80A S	160/84A M	165/88A L	170/92A XL	档差
后衣长	L	54	56	58	60	62	2
胸围	B	84	88	92	96	100	4
腰围	W	66	70	74	78	82	4
臀围	H	86	90	96	100	104	4
袖长	SL	54	55.5	57	58.5	60	1.5
袖口大	CW	11.4	11.9	12.4	12.9	13.4	0.5
肩宽	S	38	39	40	41	42	1
腰节长	BWL	36.5	37.5	38.5	9.5	41	1
领围	N	36	37	38	39	38	1
后领座高	a	2.8	2.8	2.8	2.8	2.8	0
后领面宽	b	3.8	3.8	3.8	3.8	3.8	0

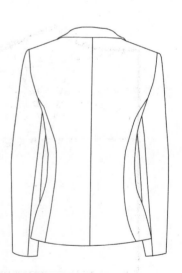

图 9-1 翻折领基础女西服效果图

款式设计特点:单排三粒扣翻领、四开身八片分割结构、侧缝与胸腰结合处理分割设计,采用圆摆设计、前后腰省分割设计、两片西服袖结构(表 9-1、图 9-1、图 9-2)。采用毛料、较合体设计,适合季节为春秋季。

1. 衣身结构平衡形式

女西服的结构平衡形式如图 9-3 所示,采用箱形平衡(将前浮余量全部转入撇胸或省道)或梯形—箱形平衡(将前浮余量全部转入撇胸或省道、少部分转入下放形式处理)。

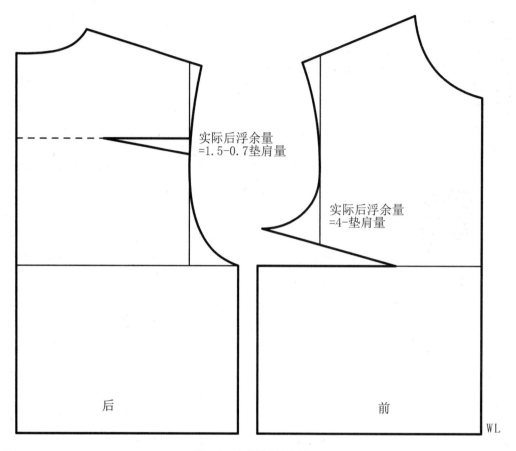

实际后浮余量
=1.5-0.7垫肩量

实际后浮余量
=4-垫肩量

后　　前

WL

图9-2　衣身基本结构设计

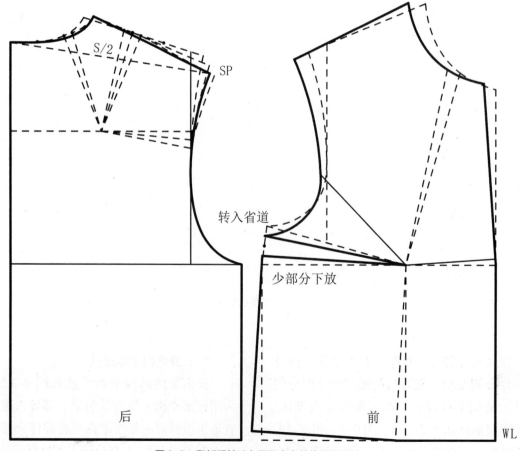

S/2

SP

转入省道

少部分下放

后　　前

WL

图9-3　翻折领基础女西服衣身结构平衡设计

2.衣身版型结构设计

如图9-4~图9-6所示。

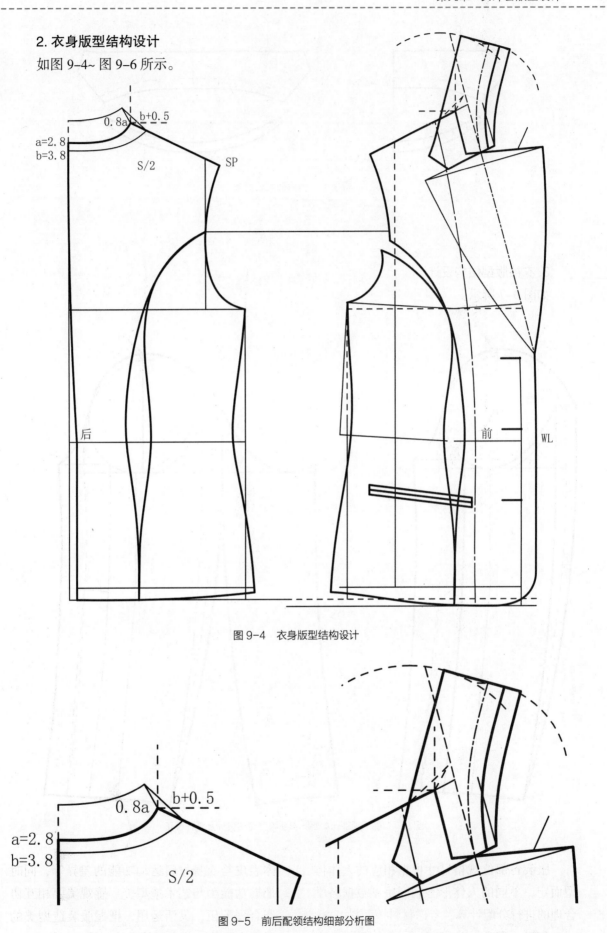

图9-4　衣身版型结构设计

图9-5　前后配领结构细部分析图

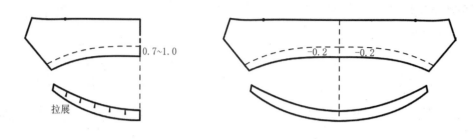

图 9-6　衣领版型分析图

3. 衣袖版型结构设计

如图 9-7 所示。

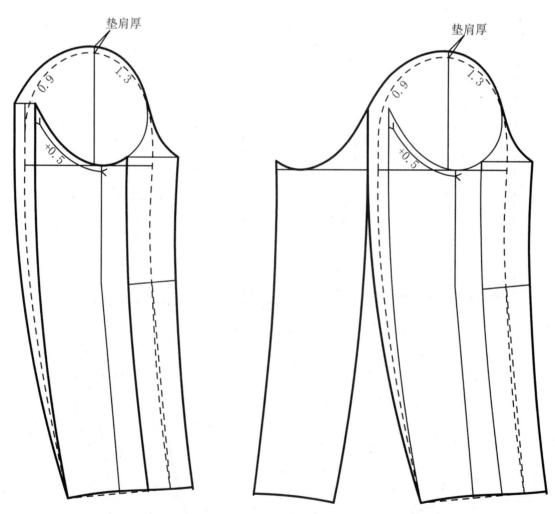

图 9-7　翻折领基础女西服衣袖版型结构设计及纸样校正

服装各部位规格尺寸根据相应的人体体型而定，不同的人体形态制图版型数据科学合理的进行分配计算，考虑材料（面料）、款式、年龄、职业、地方区域、个人爱好、人体表皮与衣身材料运动功能的差异等，同时把握功能美与艺术造型美、感观美要相互协调合理配伍，灵活运用，把握服装造型美的展现及服装工艺合理的设计、精工细作。

第三节
浪漫都市风格外套版型

表9-2 制图规格 单位：cm

部位 代码	尺码代号 部位代码 号型	150/76A	155/80A	160/84A	165/88A	170/92A	档差
后衣长	L	59	61	63	65	67	2
胸围	B	84	88	92	96	100	4
腰围	W	66	70	74	78	82	4
臀围	H	92	96	100	104	108	4
袖长	SL	54	55.5	57	58.5	60	1.5
袖口大	CW	11.4	11.9	12.4	12.9	13.4	0.5
肩宽	S	38	39	40	41	42	1
腰节长	BWL	36.5	37.5	38.5	9.5	41	1
领围	N	36	37	38	39	38	1
后领座高	a	2.8	2.8	2.8	2.8	2.8	0
后领面宽	b	3.8	3.8	3.8	3.8	3.8	0

1. 浪漫都市风格款衣身版型结构设计

如表9-2、图9-8所示。

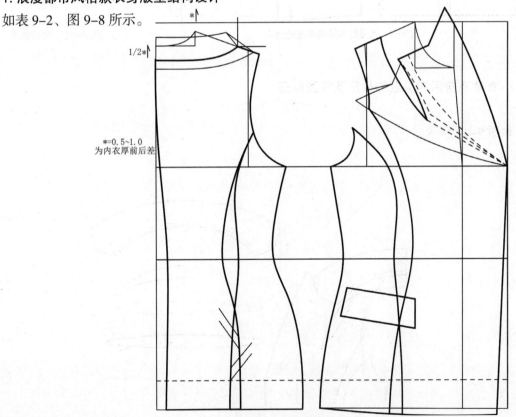

图9-8 浪漫都市风格款衣身版型结构图

2. 浪漫都市风格款衣领版型校正结构设计

如图 9-9、图 9-10 所示。

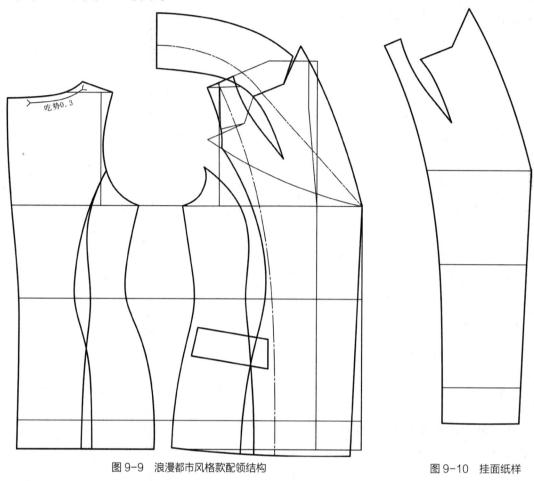

吃势0.3

图 9-9 浪漫都市风格款配领结构　　　　图 9-10 挂面纸样

3. 衣领及前后衣身纸样校正及领型配伍设计

如图 9-11 所示。

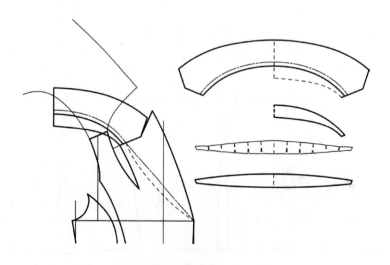

图 9-11 衣领及前后衣身纸样校正

4.浪漫都市风格款衣袖版型设计

如图 9-12、图 9-13 所示。

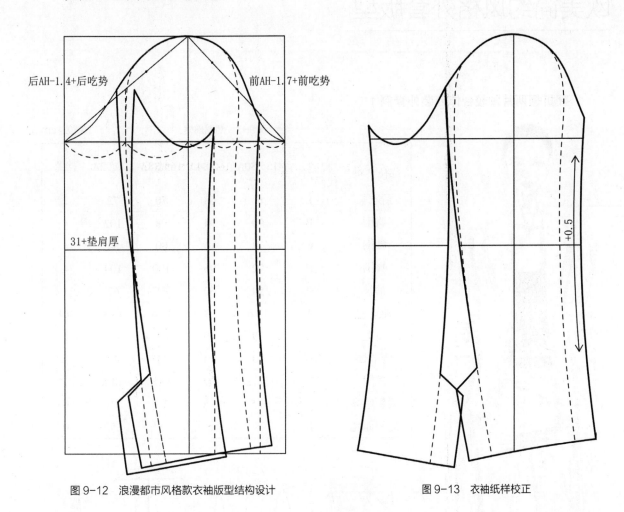

图 9-12　浪漫都市风格款衣袖版型结构设计　　　　　　图 9-13　衣袖纸样校正

　　服装各部位规格尺寸根据相应的浪漫都市风格款而定，不同的款式及艺术形态美在人体形态上体现不同的风格，制图时要考虑造型美。数据科学合理的进行分配计算，同时考虑材料（面料）、款式、年龄、职业、地方区域、个人爱好、人体表皮与衣身材料运动功能的差异配伍，把握功能美与艺术造型美、感观美，掌握服装造型美的展现及服装工艺合理的运用。

第四节
欧美简约风格外套版型

1. 翻折领两片袖较合体西装外套例 1

表9-3　制图规格　　　　单位：cm

部位 部位代码	尺码代号 代码	155/80A	160/84A	165/88A	170/92A	档差
后衣长	L	66	68	70	72	2
胸围	B	90	94	98	102	4
腰围	W	72	76	80	84	4
臀围	H	92	96	100	104	4
袖长	SL	59	60	61	62	1
袖口大	CW	12.6	13	13.4	13.8	0.4
肩宽	S	39	40	41	42	1
腰节长	BWL	39	40	41	42	1
领围	N	38.2	39	39.8	40.6	1
后领座高	a	3.5	3.5	3.5	3.5	0
后领面宽	b	5	5	5	5	0

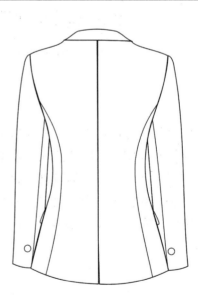

图9-14　女外套例1效果图、款式图

　　款式设计特点：翻折领两片袖较合体西装外套，一粒单排扣直摆、采用较合体衣身设计、开门平驳领、前八分衣身收胸腰省设计、臀腰部口袋分割设计、前下摆合并处理，后衣身八分衣身结构设计，两片袖结构（表9-3、图9-14、图9-15）。采用薄毛料、棉麻、纤维、薄呢等材料，属较合体衣型，季节为春秋季，内可穿薄毛衣。

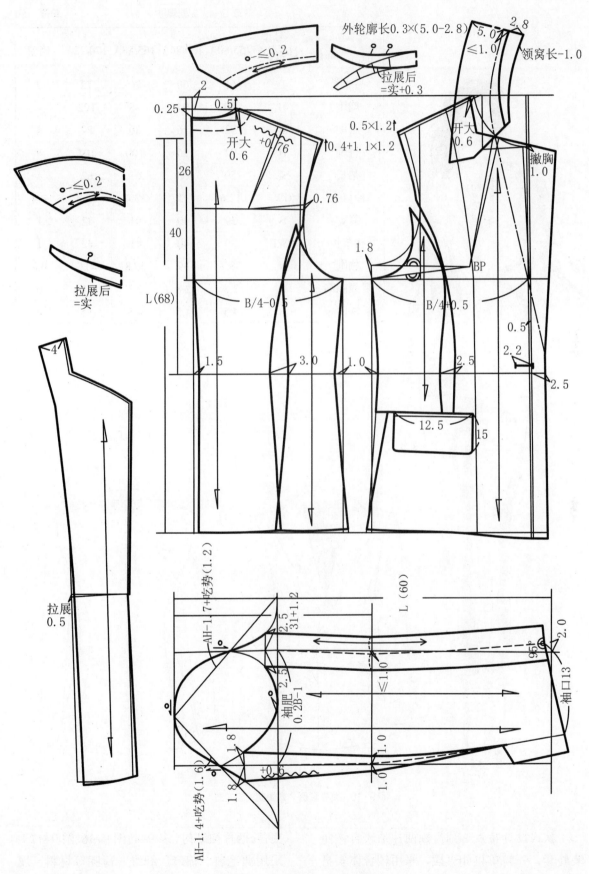

图 9-15　女外套例 1 衣身结构图

2. 翻折领两片袖较合体西装外套例 2

表 9-4   制图规格   单位：cm

部位	部位代码	尺码代号 号型	155/80A	160/84A	165/88A	170/92A	档差
后衣长	L		66	68	70	72	2
胸围	B		90	94	98	102	4
腰围	W		72	76	80	84	4
臀围	H		92	96	100	104	4
袖长	SL		59	60	61	62	1
袖口大	CW		12.6	13	13.4	13.8	0.4
肩宽	S		39	40	41	42	1
腰节长	BWL		39	40	41	42	1
领围	N		38.2	39	39.8	40.6	0.8
后领座高	a		2.8	2.8	2.8	2.8	0
后领面宽	b		4.5	4.5	4.5	4.5	0

图 9-16   女外套例 2 效果图、款式图

款式设计特点：翻折领两片袖较合体西装外套，一粒单排扣直摆、采用较合体衣身设计，前后衣身三分衣身结构设计，双嵌线夹盖，两片袖结构（表 9-4、图 9-16、图 9-17）。采用薄毛料、棉麻、纤维、薄呢等材料，属较合体衣型，季节为春秋季，内可穿薄毛衣。

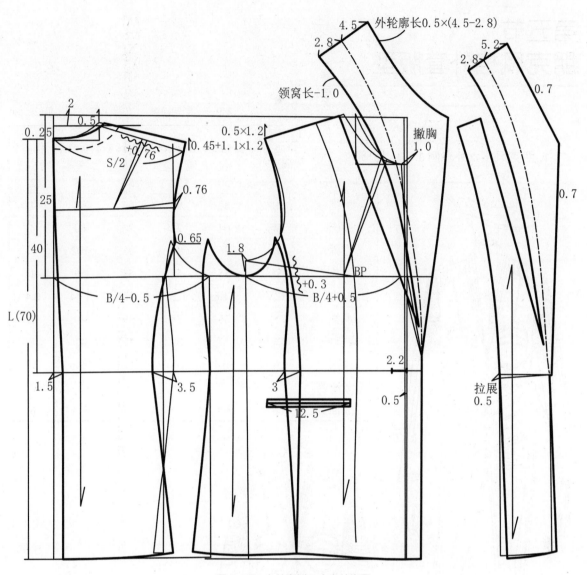

图 9-17 女外套例 2 衣身结构图

第五节
朋克风格外套版型

1.朋克风格女外套例1

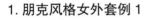

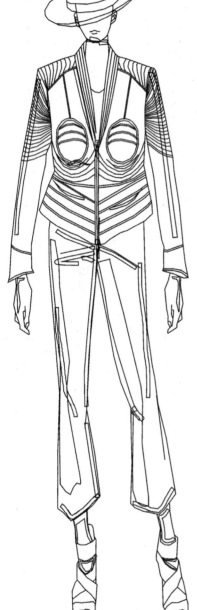

表9-5　制图规格　　　　单位：cm

部位　　　部位代码	尺码代号 号型	155/80A	160/84A	165/88A	170/92A	档差
后衣长	L	50	54	56	58	2
胸围	B	82	90	94	98	4
腰围	W	64	72	76	80	4
臀围	H	86	94	98	102	4
袖长	SL	55	57	58	59	1
袖口大	CW	11.8	12.6	13	13.4	0.4
肩宽	S	36	38	39	40	1
腰节长	BWL	37	39	40	41	1
领围	N	36.4	38	38.8	39.6	0.8
后领座高	a	3	3	3	3	0
后领面宽	b	3.8	3.8	3.8	3.8	0

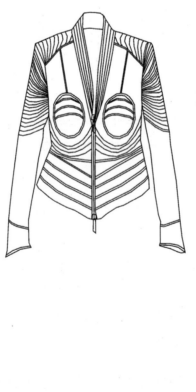

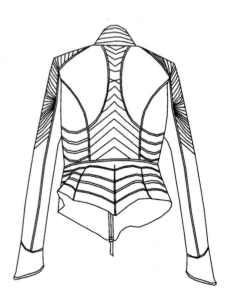

图9-18　朋克女外套效果图、款式图

款式设计特点：立V领前装拉链、八开身结构、采用前后尖摆设计、前后胸腰省分割设计、两片袖结构袖头合并处理前胸作分割设计并且盖明线装饰（表9-5、图9-18）。采用皮革、真皮、棉麻等材料，较贴身穿着，季节为春秋季，内穿薄毛衣。

（1）衣身结构平衡

　　因该款式分割线较多，故衣身结构平衡采用箱形平衡，将前浮余量转入撇胸和分割线内，后浮余量转入分割线或后肩缝内缝缩（图9-19）。

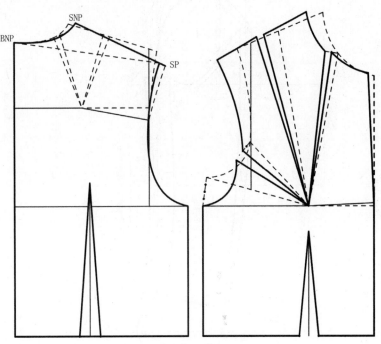

图9-19　衣身结构平衡

（2）衣身结构图

　　如图9-20所示。

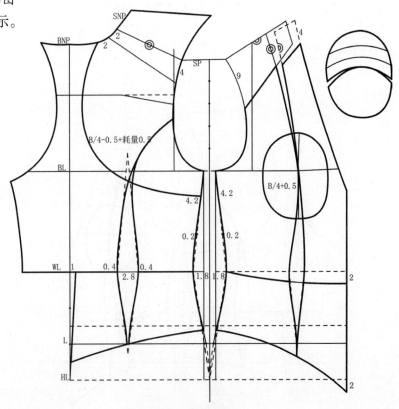

图9-20　衣身结构图

（3）衣袖结构

如图 9-21 所示。

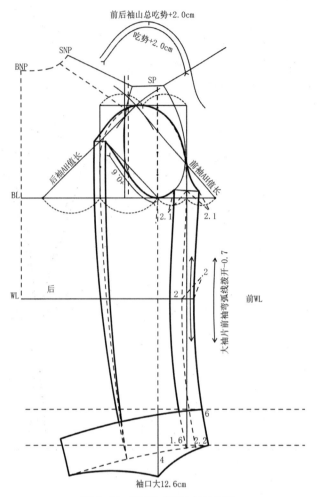

图 9-21　朋克女外套衣袖结构图

（4）衣领结构

如图 9-22 所示。

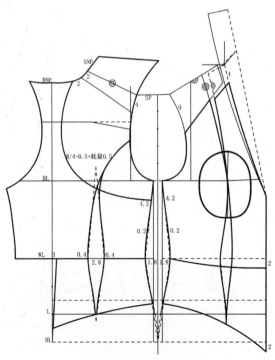

图 9-22　朋克女外套衣领结构图

2. 朋克风格女外套例2

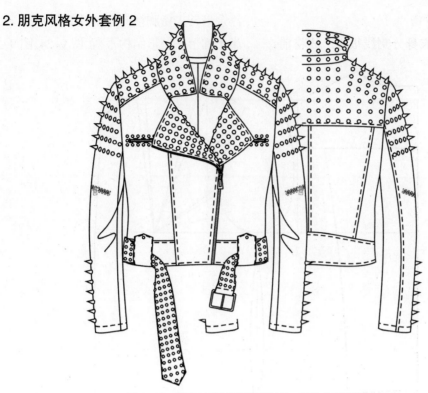

图9-23 朋克风格翻折领偏襟拉链一片袖分割外套款式图

表9-6 制图规格   单位：cm

部位 / 部位代码 / 尺码代号代码	号型	150/76A	155/80A	160/84A	165/88A	170/92A	档差
后衣长	L	46	48	50	52	54	2
胸围	B	86	90	94	98	102	4
腰围	W	82	86	90	94	102	4
臀围	H	86	90	94	98	102	4
袖长	SL	55	56	57	58	59	1
袖口大	CW	11.8	12.2	12.6	13	13.4	0.4
肩宽	S	38	39	40	41	42	1
腰节长	BWL	37	38	39	40	41	1
领围	N	36.4	37.2	38	38.8	39.6	0.8
后领座高	a	3.5	3.5	3.5	3.5	3.5	0
后领面宽	b	4.8	4.8	4.8	4.8	4.8	0

款式设计特点：翻驳领双排偏襟装明拉链、四开身结构、采用束摆设计并安装束腰功能襻、前后胸腰设计拉链口袋装饰、两片袖结构合并为一片袖，覆肩设计（表9-6、图9-23）。采用薄皮革、真牛皮、山羊皮等材料，较宽松身穿着，季节为春秋季，内穿薄毛衣。

（1）衣身结构平衡

由于该款式前衣身分割线很少，故将前

浮余量转入撇胸横向分割及部分下放（≤1.5）

属于梯形—箱形结构平衡（图9-24、图9-25）。

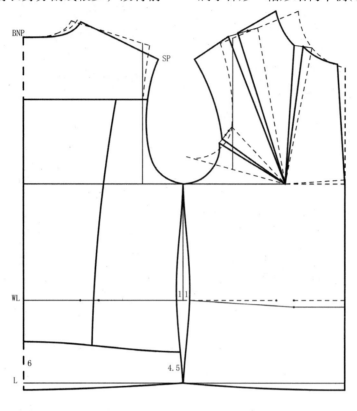

图9-24　朋克风格翻折领偏襟拉链一片袖分割外套后衣结构图

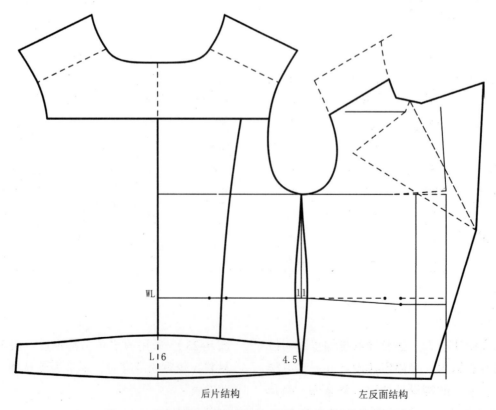

后片结构　　　　　左反面结构

图9-25　朋克风格翻折领偏襟拉链一片袖分割外套前衣身结构图

（2）衣领结构

如图 9-26～图 9-28 所示。

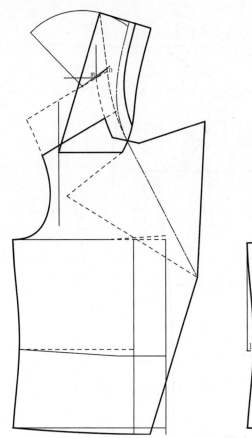

图 9-26　朋克风格外套衣领结构图

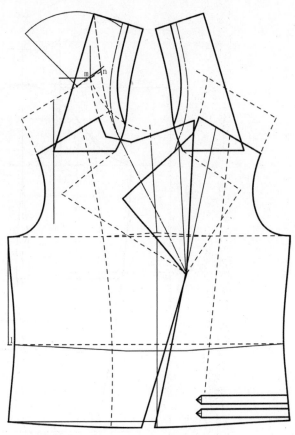

图 9-27　衣领结构图右领结构图

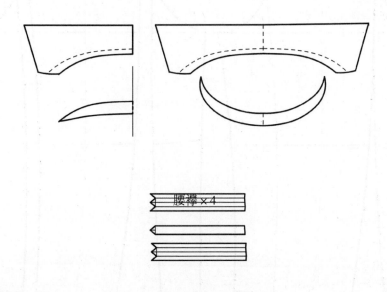

图 9-28　朋克风格外套腰襻结构图

（3）衣袖结构

如图 9-29、图 9-30 所示。

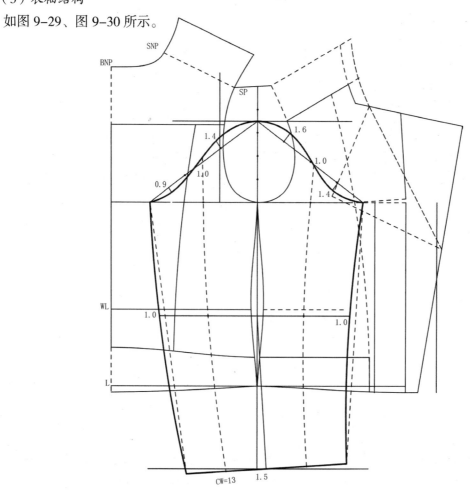

图 9-29　朋克风格外套衣袖结构图

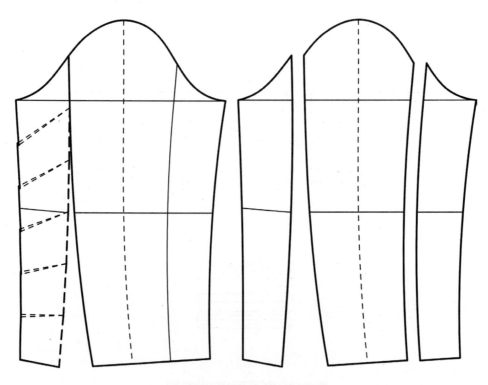

图 9-30　朋克风格外套衣袖切展图

思考题

1. A 型服装版型有哪些特征?

2. X 型服装版型有哪些特征?

3. 浪漫都市风格款版型上身面料的选用及相互关系。

4. 欧美风格翻折领结构比例及两片袖较合体外套的构成。

5. 朋克风格外套版型与衣身的比例关系。

6. 朋克风格翻折领偏襟衣身的比例关系。

第十章
女外套缝制工艺

本章要点

　　本章主要学习女西装、女装外套、女牛仔外套的缝制工艺。要求熟悉其款式特点，了解其外观质量要求，面料和辅料的选购要点，掌握各款的版型放缝特点、排料、缝制方法、熨烫技巧、质量标准等，重点掌握装领、装袖、挂里子和做口袋等工艺，并做到触类旁通。

第一节
女西装缝制工艺

一、款式图

款式特点：三粒扣合体型平驳领女西服，四开身刀背逢造型，圆下摆，左右西服挖袋，两片式合体袖（图 10-1 ）。

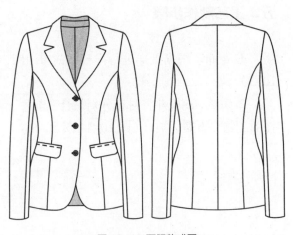

图 10-1　西服款式图

二、适用面料

可使用全毛、毛涤混纺或化纤面料制作，里布可选择涤丝纺、尼丝纺、醋酯纤维等织物，袋布可选用普通里料，也可选用全棉或涤棉布。

三、排料图

如图 10-2 所示。

图 10-2　女西装排版图

四、缝制工艺流程

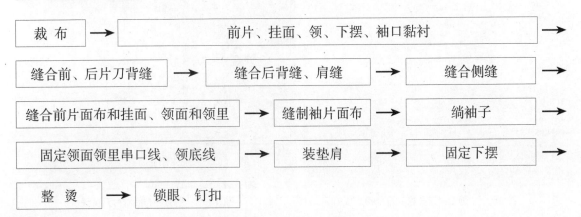

五、工艺制作步骤

① 裁布。根据纸样进行排料并裁布（图10-3）。

② 熨烫。用熨斗将衬布分别黏合在前片、挂面、领、下摆、袖口（图10-4~图10-6）。

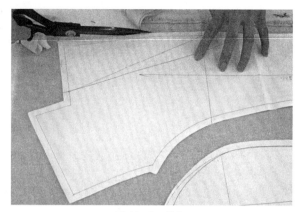

图 10-3　裁布

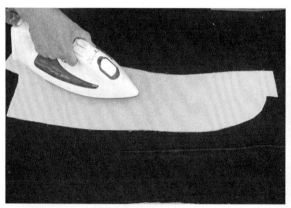

图 10-4　熨烫（一）

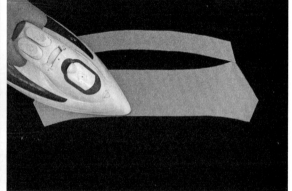

图 10-5　熨烫（二）

③ 缝合面布前衣片刀背缝。将前衣片与前侧片正面相对缝合刀背缝（要求对准刀眼），然后在弧形处和腰节线的缝份上剪口，再分缝烫平（图10-7）。

④ 缝合面布后中线和刀背缝。先将后中片正面相对缝合后中线（图10-8），再将后侧片与后中片正面相对缝合刀背缝（要求对准刀眼），然后将弧形处和腰节线的缝份打剪口，再分缝烫平（图10-9）。

图 10-6　熨烫（三）

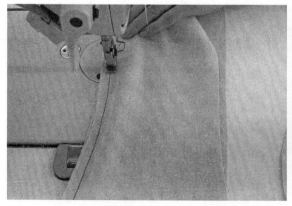

图 10-7　缝合面布前衣片刀背缝

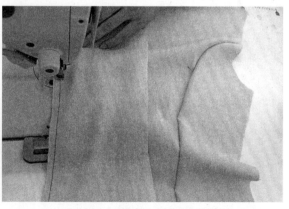

图 10-8　缝合面布后衣片刀背缝

⑤ 缝合后背缝。后片正面与正面相对，缉缝 1cm（图 10-10）。

⑥ 缝合肩缝。肩线的缝合要求后肩中部缩缝，然后分别将缝份分开烫平（图 10-11）。

⑦ 缝合侧缝。侧缝的缝合要求腰节线的刀眼对齐，然后分别将缝份分开烫平（图 10-12）。

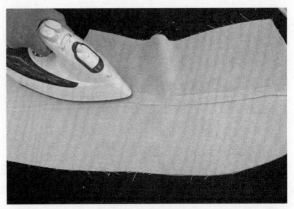
图 10-9　分烫刀背缝

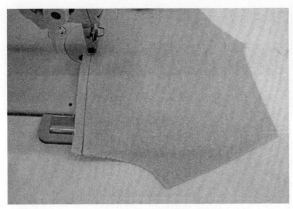
图 10-10　缝合后背缝

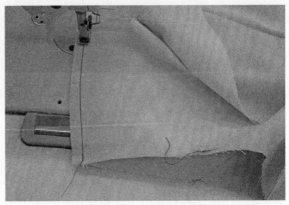
图 10-11　缝合肩缝图

⑧ 烫底边。按底折边位将前后衣片底边扣烫顺直，离边 1.5cm 缉线固定。

⑨ 拼接翻领和领座。分别将翻领的面里和领座的正面相对，按净线缉缝（图 10-13），然后修剪缝份后分烫开（图 10-14），在领缝合线的上、下各缉线 0.1cm。领面的拼接方法与领里相同。

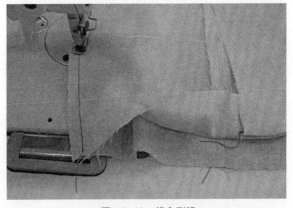
图 10-12　缝合侧缝

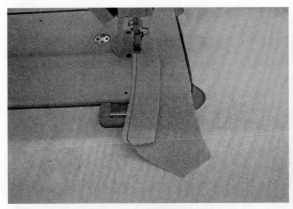
图 10-13　拼接翻领和领座

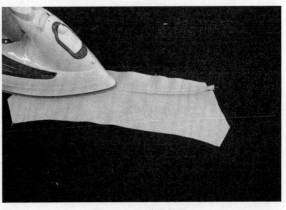
图 10-14　分烫领子

⑩ 缝合挂面。将前片与挂面正面相对叠合，衣片在上，挂面在下，沿衣片净线外侧0.2cm与挂面净线内侧0.2cm缝合（图10-15）。

修剪缝份，在下摆处缝份修剪至0.4cm，在止口处打剪口方便翻至正面领面平服。

将摆缝放平放直，从底边向上熨烫（图10-16）。

⑪ 缉止口。在大身一侧沿所画净缝线0.1cm缉止口，缉线从缺嘴线钉起针（回针打牢），经驳角、驳头、止口、下摆至底边挂面宽止。

⑫ 烫止口。先在缺嘴处剪口，将止口缝份分烫开，然后修剪止口缝份，大身留缝0.4cm，挂面留缝0.8cm。将止口翻出，喷水、盖布，将止口逐段烫平烫薄。注意驳头部分在大身侧熨烫，大身坐进0.1cm，止口及下摆部分在挂面一侧熨烫，挂面坐进0.1cm。

⑬ 归拔大小袖片。西服袖子的外观造型不仅同裁剪有关，而且同做、装袖子工艺有着直接的关联。因此，我们一定要重视做袖的操作要求，使袖子做好后能摆平，并符合手臂的弯势形状。装上后前圆后登，自然平服。

归拔大袖片将前袖缝朝自己，把前袖缝袖肘线处凹势拔烫。在拔烫的同时把袖肘线处的吸势归向偏袖线，注意归拔时熨斗不宜超过偏袖线（图10-17）。

前袖缝、袖山深线向下8cm处略归烫。

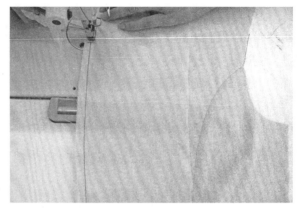

图10-15　缝合挂面

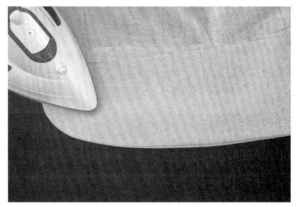

图10-16　熨烫挂面

后抽缝中段归拢。

袖口贴边在偏袖线处拔开。

归拔小袖片，小袖片只需将袖片弯势略拔弯一些即可。

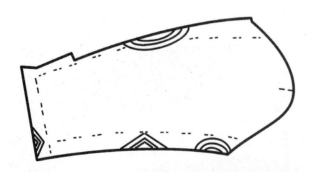
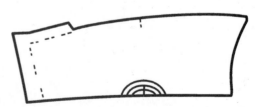

图10-17　归拔大、小袖片

⑭ 缝合袖缝。将大小袖片正面相叠，小袖片在上，沿前袖缝对齐，然后从袖口处起针机缉缝，缉缝1cm。分烫前袖缝时，注意一定要将小袖片丝缕放直，在大袖片袖肘处略归（图10-18），并按袖口折转烫平。

⑮ 整烫袖子。因为西服做好之后再进行袖子整烫，操作不方便，所以在装袖之前先将袖子烫好。把前后袖缝及袖口放在布馒头上烫平、烫煞。要求袖子放平后，弯势正确，不起皱、不起涟。

⑯ 收袖山吃势。裁两条正斜丝缕的棉布条，长约30cm左右，宽约2.5cm，沿袖山净线外侧0.3cm处缉缝，开始时略拉紧斜条，而后逐渐增大拉力，袖山最高点处不要拉紧斜条，过袖山顶点后再拉紧，然后逐渐减少拉力至平缝，袖山缩缝量约3cm，视面料厚薄、松紧调整缩缝量。把缩缝后的袖山头放在铁凳上熨烫均匀、平滑，使袖山圆顺饱满（图10-19）。

⑰ 装袖。检查袖子和袖窿上的装袖对档标记，前袖缝对前袖窿对档位。

袖山头对肩缝。

后袖缝对后袖窿对档位。在实际装袖时，对档位置会产生偏移，因此还需按照装袖质量要求适当调整对档位置（图10-20）。

⑱ 装垫肩。将袖窿靠身一边，按前肩短、后肩长，即1/2处对准肩缝偏后0.5cm左右装垫肩，垫肩外口比袖窿毛缝出0.2cm左右，沿袖窿缉线，将垫肩与袖窿扎牢。

将衣服翻到正面观察是否平服，然后在正面前肩和后肩的垫肩处用线定扎一道，再观察是否平服，如果是平服的则在反面肩缝处与垫肩缲牢。后垫肩从肩缝至后袖窿，用本色线同后衣片缲牢。线要松，以免正面有针印，影响外观。

⑲ 绱领。对准对位点，分别将领面与挂面、里子，领底与大身衣片在领窝处进行缝合（图10-21）。

两层领窝线分别分缝，大身里子处倒缝、烫平，必要处打剪口（图10-22）。

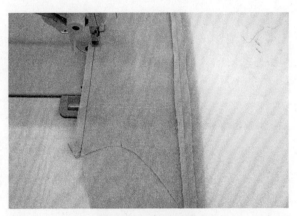

图10-18 缝合袖缝

图10-19 整烫袖子

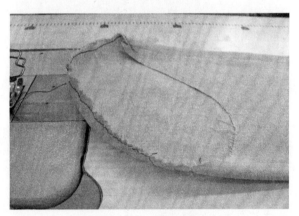

图10-20 收袖山吃势

用手针或机器将两层领窝处的缝份缝合固定。

⑳ 烫驳头及门襟止口。将驳头门襟止口朝自身一侧放平，正面朝上，丝缕归正。盖干湿布用力压烫，趁热移去熨斗后立即用烫木加力压迫止口，将其压薄、压挺。用同样的方法再烫反面止口、领止口。

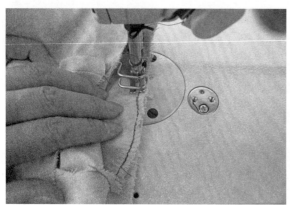

图10-21　绱领（一）

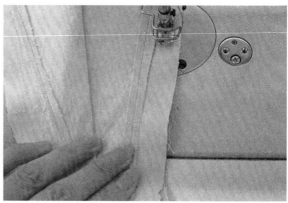

图10-22　绱领（二）

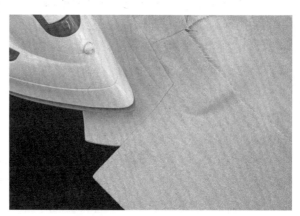

图10-23　熨烫领子

㉑ 烫领子。先将挂面、领面正面朝上放平，喷水、盖布，将其熨烫平服，串口、驳角熨烫顺直。再将驳头置于布馒头上，按规格将驳头向外翻折，量准驳头阔度，喷水、盖布熨烫。注意将驳口线上2/3烫服，下1/3不烫服，以增强驳头的自然感。最后将领子置于布馒头上，按规格将领子向外翻折，喷水、盖布将翻领线烫顺，并注意驳头翻折线与领子翻折线连顺（图10-23）。

㉒ 烫肩头与领圈。肩头下垫铁凳喷水、盖布熨烫，肩头往上稍拔，使肩头略带鹅毛翘。前肩丝绺归正，后肩略微归烫，并顺势将前后领圈熨烫平服。

㉓ 烫胸部。胸部下垫布馒头，按上下左右逐一喷水、盖布熨烫，把胸部烫得圆顺饱满，使之符合人体胸部造型。

㉔ 烫摆缝。将摆缝放平放直，从底边开始朝上熨烫。

㉕ 烫后背。后背中缝放直放平，喷水、盖布，烫平烫服。肩胛骨隆起处及臀部胖势处垫布馒头，喷水、盖布熨烫，使之符合人体造型。

㉖ 锁眼。扣眼位按线钉标记确定，眼位

的进出按叠门线向止口方向移动0.3cm，扣眼大小新为2.3cm。

㉗ 钉扣。定纽扣位。高低、进出与扣眼位相符，画出粉印。袖口装饰纽扣位离底边3.5cm，袖衩进0.5cm，两钮相距0.8cm。

钉纽扣。用同色双股粗丝线，钉线两上两下将纽扣钉牢。再绕纽脚四圈左右，纽脚长短可根据面料的厚薄作相应增减。袖衩钉装饰纽扣，不需绕脚，用双股同色粗丝线两上两下钉牢即可。

成衣见图10—24。

六、成衣图

如图 10-24 所示。

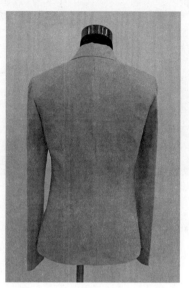

图 10-24　成衣图

第二节
女装外套缝制工艺

女外套结构严谨，穿着端庄、俏皮，青果领、连袖、收腰、放摆是此款的特点。制作工艺上对称要求严格，因此制作重点侧重于衣服的对称上。黏衬、开袋、做领、装领、合挂面、合袖片及后背工艺等均为此精制工艺中的重点。

图 10-25　女外套款式图

一、款式图

款式特点：廓型为 X 型，青果领，连袖，圆下摆，三粒扣，前后片缝中藏省，后中断开（图 10-25）。

二、适用面料

可使用棉、麻、毛混纺面料制作，里布可用素色或印花薄棉布，也可以用配色纺真丝里布。

三、排料图

如图 10-26 所示。

图 10-26   女外套排料图

四、缝制工艺流程

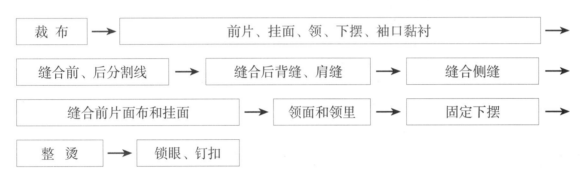

裁 布 → 前片、挂面、领、下摆、袖口黏衬 →

缝合前、后分割线 → 缝合后背缝、肩缝 → 缝合侧缝 →

缝合前片面布和挂面 → 领面和领里 → 固定下摆 →

整 烫 → 锁眼、钉扣

五、工艺制作步骤

① 裁布。根据纸样进行排料并裁布（图 10-27）。

② 用熨斗将衬布分别黏合在前片、挂面、领、下摆、袖口、袋盖上（图 10-28）。

③ 合前片、后片。将前、后中片与前、后侧片分别正面相对叠合（图 10-29），缉缝并分烫缝份（图 10-30）。

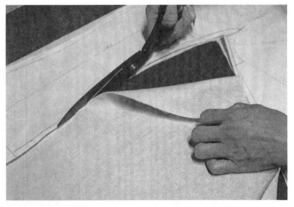

图 10-27   裁布

图 10-28   黏衬

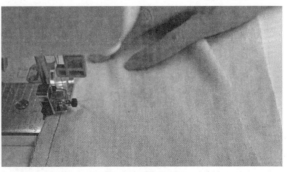

图 10-29   缝合侧片

④ 将左右后衣片正面相对，缉缝后中缝，起止部位要打倒回针。

⑤ 合袖片。袖片正面相对，缝合外侧缝并烫开，缝合时注意与衣身转接处拉平上下层面料，避免起皱（图10-31）。

⑥ 合肩缝。将前、后肩缝正面相合缝合，松紧一致，缝份为1cm并分缝熨烫平服（图10-32）。

⑦ 拼合领座。下领面在上，与衣片正面相对，在衣片领圈处将后中点、左右侧颈点对准领里的后中点、左右侧颈点，按1cm缝份缝合（图10-33）。

⑧ 将前片面与挂面正面相对叠合，衣片在上，挂面在下，沿衣片净线外侧0.2cm与挂面净线内侧0.2cm缝合（图10-34）。

⑨ 修剪缝份。在下摆处缝份修剪至0.4cm（图10-35），在止口处打剪口，方便翻至正面领面平服（图10-36）。

⑩ 将摆缝放平放直，从底边向上熨烫（图10-37）。

⑪ 将挂面、领面正面向上放平，把青果领向外翻折，按照翻折线熨烫。注意翻折线与领子翻折线连顺（图10-38）。

图 10-30　分烫侧缝

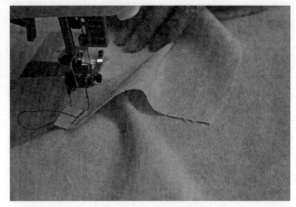

图 10-31　缝合袖片

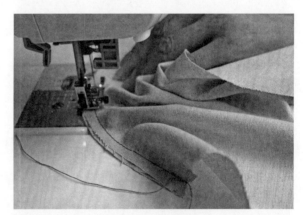

图 10-32　缝合肩缝

图 10-33　拼合领座

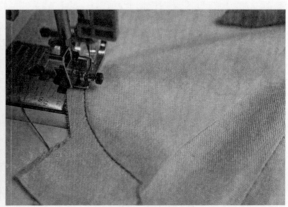

图 10-34　合挂面

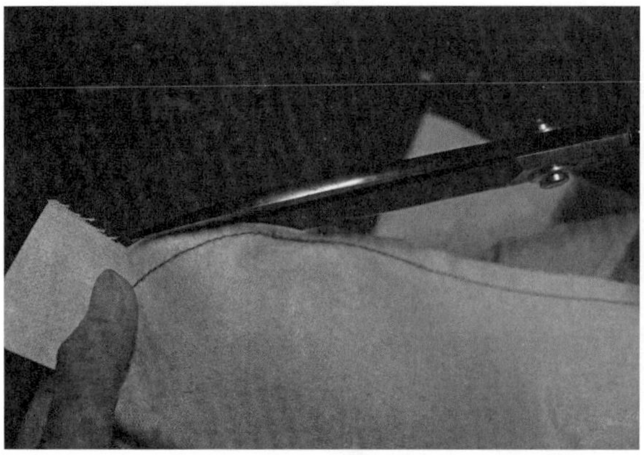
图 10-35 修剪缝份

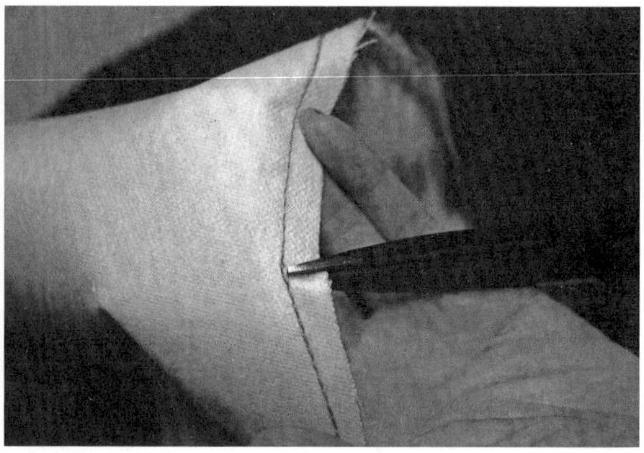
图 10-36 打剪口

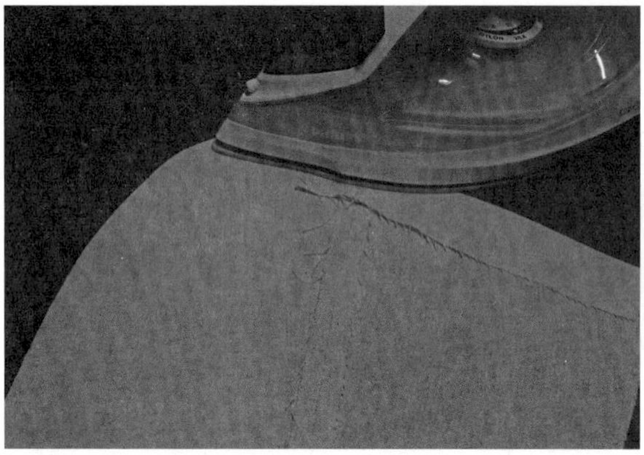

图 10-37 熨烫摆缝

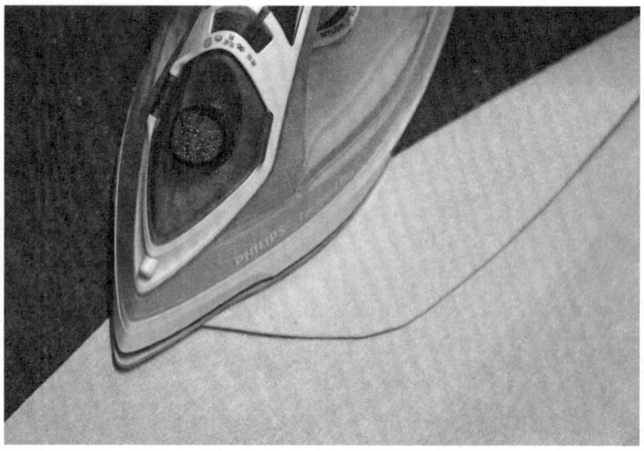

图 10-38 熨烫翻领

⑫ 绱袋盖。

将袋盖面与袋盖里正面相合缉线，缉线时注意袋盖、袋里的里外匀。

清剪袋盖缝份为 0.3cm，翻转熨烫。

将制作好的袋盖放在衣片袋盖缝位处缉线定位缝合（图 10-39）。

⑬ 缝合袖底线正面与正面相对，缉缝 1cm（图 10-40）。

⑭ 合侧缝、袖底缝。前、后衣片、袖片上下层面料松紧一致，缝份为 1cm，分缝熨烫平服。缉线顺直，上下层平服，袖底处十字缝口对准（图 10-41）。

⑮ 装袖。

将左右两袖袖山和袖窿进行比较，对松度与层势做到心中有数，并做好装袖对位标记。

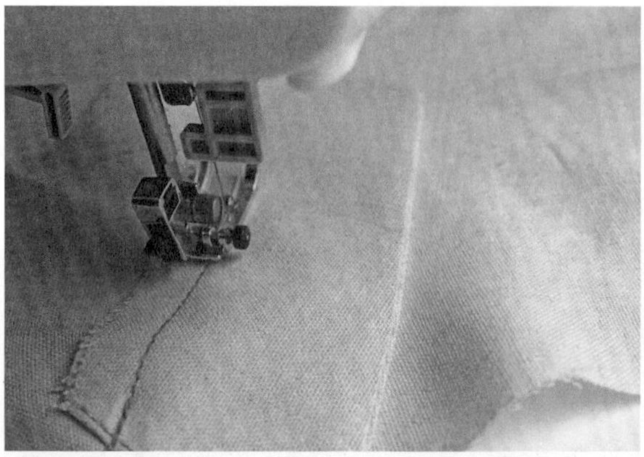
图 10-39 袋盖定位

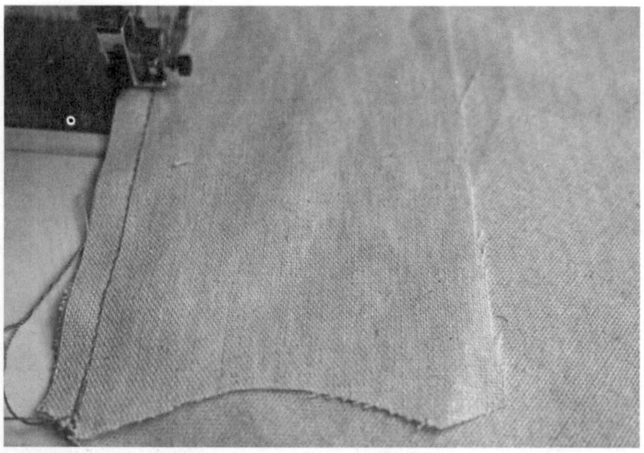
10-40 缝合袖底线

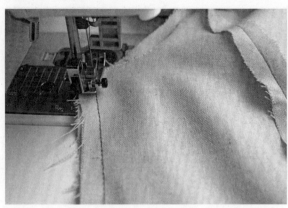

图 10-41　缝合侧缝

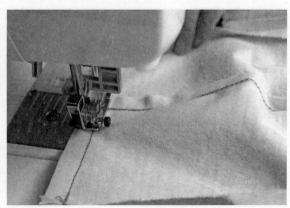

图 10-42　缝合后领中

可先装左袖，将袖子与衣片正面相合，缝份对齐，装袖剪口对准，从前领圈开始 1cm 缝份缉线。袖底缝、摆缝口对准，注意缉线顺直，层势均匀，扎定后用熨斗烫平，上架细看袖底是否圆顺，层势是否均匀，合格后再缉缝另一只袖子。观看两袖是否对称，满意后再上车机组合，缉缝时要注意上下松紧一致，缉线顺直。

⑯缝合后领中。领面正面与正面相对，缉缝 1cm（图 10-42）。

⑰熨烫后领缝份。将领缝份分缝熨烫平服（图 10-43）。

⑱盖领。将下领面盖住下领面线，接住下领缝合线明线的一侧连续车缝 0.1cm 至下领面的领底线到另一侧（图 10-44）。

⑲烫摆缝。将摆缝放平放直，从底边开始朝上熨烫（图 10-45）。

⑳烫后中缝。后背中缝放直放平，喷水、盖布，烫平烫服。肩胛骨隆起处及臀部胖势处垫布馒头，喷水、盖布熨烫，使之符合人体造型。

㉑锁眼。扣眼位按线钉标记确定，眼位的进出按叠门线向止口方向移动 0.3cm，扣眼大小为 2.3cm。

㉒钉扣。

定纽扣位。高低、进出与扣眼位相符，画出粉印。袖口装饰纽扣位离底边 3.5cm，袖衩进 0.5cm，两纽相距 0.8cm.

钉纽扣。用同色双股粗丝线，钉线两上两下将纽扣钉牢。再绕纽脚四圈左右，纽脚长短可根据面料的厚薄作相应增减。袖衩钉装饰纽扣，不需绕脚，用双股同色粗丝线两上两下钉牢即可。

图 10-43　分烫缝份

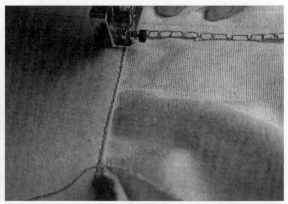

图 10-44　盖领

图 10-45　摆烫缝

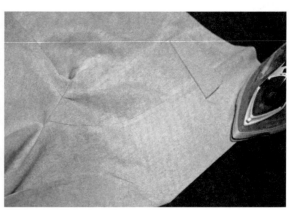

图 10-46　整烫

六、成品图

如图 10-47、图 10-48 所示。

图 10-47　正面

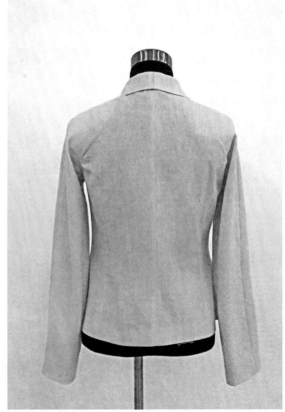

图 10-48　背面

第三节
女牛仔外套缝制工艺

　　此款牛仔衣运用了大量装饰明迹线，在缝制时线迹顺、直，针距一致。装袖圆顺，袖口、底摆及袖底十字缝对齐。

图 10-49　女牛仔外套款式图

一、款式图

　　款式特点：立领，圆装袖，收腰放摆，前片收袖窿省，腰部装饰荷叶边，前中开门襟，多处缉明线装饰，端庄得体又不失时尚（图 10-49）。

二、排料图

　　如图 10-50 所示。

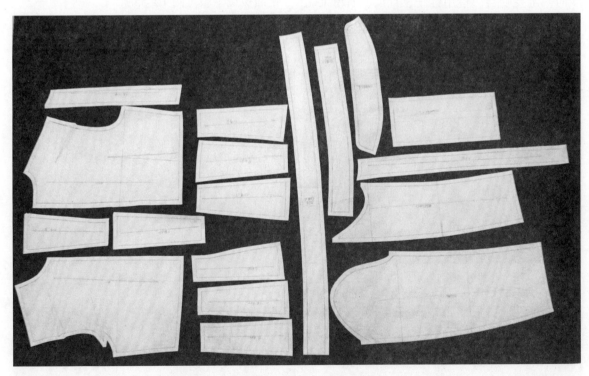

图 10-50　女牛仔外套排料图

三、适用面料

　　可使用牛仔面料、斜纹面料制作，里布可用素色或印花薄棉布，也可不配里布。

四、缝制工艺流程

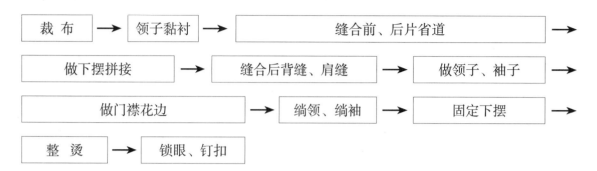

裁布 → 领子黏衬 → 缝合前、后片省道 →

做下摆拼接 → 缝合后背缝、肩缝 → 做领子、袖子 →

做门襟花边 → 绱领、绱袖 → 固定下摆 →

整烫 → 锁眼、钉扣

五、缝制工艺步骤

① 根据纸样进行排料、裁布，并将裁片锁边。

② 领子黏合无纺衬，烫衬时一般不划圈，平着一段连着一段进行熨烫（图10-51）。

③ 定位。省道定位时毛样版纱向与面料纱向一定要吻合，借用锥子、直尺、划粉来辅助定位，确保衣片省位与毛样版省位一致。

④ 缝制省道时，省尖部位的胖形要烫散，不应该有细褶的现象。前片省道下摆处打来回针（图10-52），翻至正面缉0.1cm明线。前后片省道同一方法缝制（图10-53）。

⑤ 前后片下摆拼接按1cm缉缝，然后三线包缝，将缝份向左侧烫倒，最后沿边缉缝0.1cm和0.6cm明线（图10-54）。最后翻到正面熨烫平服（图10-55）。

⑥ 将大小袖片正面与正面相对，按1cm

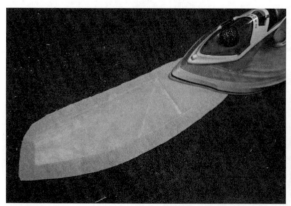

图10-51　领子烫衬

图10-52　缝制省道

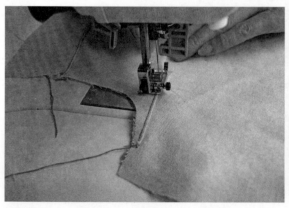

图10-53　正面缉0.1cm明线

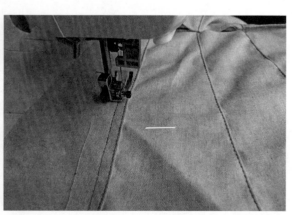

图10-54　下摆拼接

缝份绲缝（图10-56），将缝份向左侧烫倒，最后沿边绲缝0.1cm和0.6cm明线（图10-57）。

⑦ 做领。

扣烫。上领延边扣烫1cm。领座按净线扣烫领底线0.8cm（图10-58）。

修剪、扣烫缝份。先把领角的缝份修剪留0.3cm，延缝线扣烫后，翻到正面，在领里将领止口烫成里外匀（图10-59）。

⑧ 做袖克夫。

将袖克夫反面朝上，上口折烫下留1cm，两边按1cm绲缝（图10-60）。

翻折、整烫袖克夫（图10-61）。

⑨ 按1cm缝合袖缝，且分烫袖缝（图10-62），然后装袖克夫（图10-63）。

⑩ 扣烫门襟花边活页（图10-64），与前片缝合固定（图10-65）。

⑪ 按1cm缝份缝合腰节（图10-66）。

图 10-55 整烫下摆

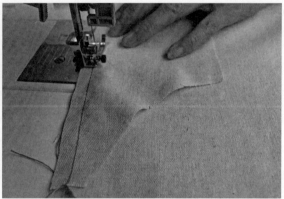

图 10-56 大小袖片平缝

图 10-57 绲缝 0.1cm 和 0.6cm 明线

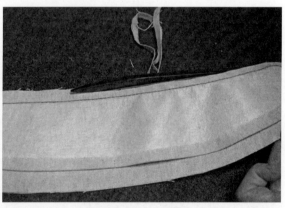

图 10-58 修剪领缝份

图 10-59 烫领

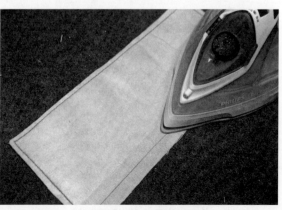

图 10-60 缝合袖克夫

图 10-61　整烫袖克夫

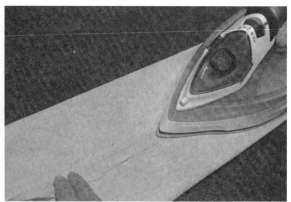

图 10-62　分烫袖缝

图 10-63　装袖克夫

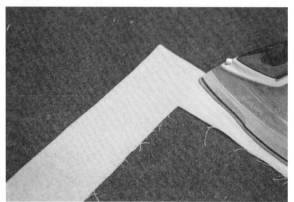

图 10-64　熨烫门襟花边

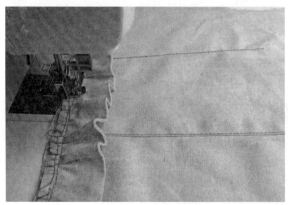

图 10-65　缝合花边

图 10-66　缝合腰节

⑫ 做门襟。将门襟在反面缝合，翻至正面扣烫，并在正面缉装饰线（图 10-67）。

⑬ 缉领。

装领。下领面在上，与衣片正面相对，在衣片领圈处将后中点、左右侧颈点对准领里的后中点、左右侧颈点，按 0.8cm 缝份缝合（图 10-68）。

闷领。将下领面盖住下领面线，接住下

领缝合线明线的一侧连续缉缝 0.1cm 至下领面的领底线到另一侧。

⑭ 缉袖子。袖中点与衣片肩点对齐、袖底点与袖窿底点对齐，袖山对齐，缉缝 1cm 固定。缝好后锁边（图 10-69）。

⑮ 烫肩缝。肩头下垫铁凳，肩部丝缕归正，将肩部熨烫平服。

⑯烫摆缝。将摆缝放平放直,从底边开始向上熨烫。

⑰烫分割线。分割线下垫布馒头,将分割线熨烫平服。

⑱烫后背。后背放直放平,熨烫平服。

⑲烫袖口。将袖口摆平摆正,熨烫平服。

⑳烫下摆。将下摆摆平摆正,熨烫平服

(图10-70)。

㉑锁眼。扣眼位按线钉标记确定,眼位的进出按叠门线向止口方向移动0.3cm,扣眼大小为1.5cm。

㉒钉扣。根据相对应的眼位用钉扣机定好金属扣。

图 10-67 门襟缉装饰线

图 10-68 绱领

图 10-69 绱袖子

图 10-70 整烫

六、成品图

如图 10-71、图 10-72 所示。

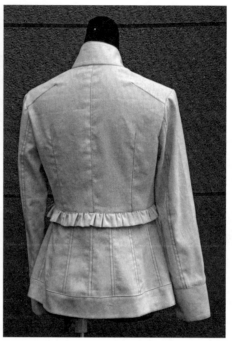

图 10-71　正面　　　　　　　　　　　图 10-72　背面

思考题

1. 大、小袖片中哪些部位需要归、拔？

2. 挂面黏衬的作用是什么？

3. 如何检查装好的袖子是否与衣身匹配？

4. 连袖缝合时需注意什么？

5. 青果领如何制作？

6. 立领的制作步骤是什么？

7. 如何缝制出规律的装饰花边。

第十一章
女大衣、风衣款式设计

本章要点

对女大衣、风衣的款式及分类进行了阐述，又对其廓型、衣领、衣袖等局部设计的表现及流行款式案例进行分析。

第一节
女大衣、风衣款式概述

大衣、风衣是秋冬季节穿在最外层的较长的外套，衣长通常在臀围线以下，最长可至脚踝不等。近年来，随着冬季气温的不断攀升和取暖设备的无处不在，大衣的防寒功能逐渐成为一种象征符号，其装饰功能逐渐成为人们的关注重点，于是大衣、风衣的面料、辅料和制作工艺逐渐向合体、轻薄的方向发展。由于大衣、风衣在时尚经典中经久不衰，因此具有各类款式（图11-1、图11-2）。

图 11-1　2018 Burberry 大衣

图 11-2　2018 Burberry 风衣披肩款

第二节
女大衣、风衣
衣身款式设计

大衣、风衣的总体款式主要是由西装外套的基础纸样演变发展而来。其特点是宽松、自然、休闲、舒适、挺括。

一、女大衣、风衣的分类

大衣、风衣根据其廓型、长短、肩袖、面料，可以分为以下几类：

按衣长来分：可分为短、中、长款。一般短款的下摆在臀围线附近，半长款的下摆在大腿中部至膝盖附近，长款的下摆在小腿中部至脚踝。

按廓型来分：可分为 H 型、X 型、A 型和 T 型。

按肩袖形态来分：可分为装袖、插肩袖、连肩袖、连身袖、落肩袖、蝙蝠袖等。

按面料来分：可分为毛绒款、皮革款、针织款、羽绒款等。

按用途来分：可分为风衣款、御寒款、礼服款等。

二、女大衣、风衣廓型设计

服装造型的外轮廓是设计中的重要因素，是时代风貌的一种体现。它能反映出每个时代的流行潮流，即使是微妙的外形变化，都能引起新鲜的视觉冲击。

服装款式的廓型就是服装的逆光剪影效果，是服装款式造型的第一视觉要素，它体现了服装的基本造型风格，其次才是局部中的分割线、领型、袖型、口袋型等内部的部件造型。大衣、风衣款式的廓型主要有 H、X、A、O、T 型五种。

1. H 型

又称箱形或矩形。其造型特点是平肩，不强调胸和腰部的曲线，矩形下摆，整体呈直线形。H 型大衣、风衣具有风格简约、朴素，宽松舒适的特点（图 11-3）。

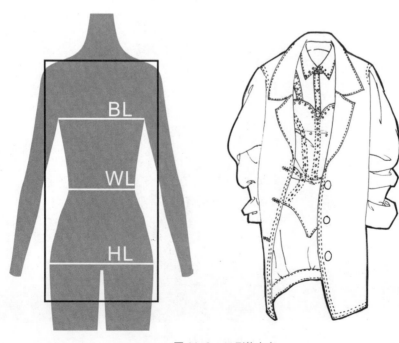

图 11-3　H 型款大衣

2. A 型

又为正三角型外形，其特征是从上至下像梯形逐渐展开的外形，A 型大衣、风衣富于活力，活泼而浪漫，流动感强（图 11-4）。

图 11-4 A 型款大衣

3. V 型

指上大下小、呈倒梯形结构的服装造型，具有挺拔有力的风格特征（图 11-5）。

图 11-5 V 型款大衣

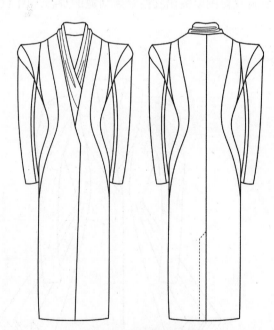

图 11-6 T 型款大衣

4. T 型

强调肩宽或胸围线，胸围线以下采用紧身或直筒式的处理方式。此种造型经常采用夸张的手段强调肩部或胸部，更加突出女性胸部及细长性感的双腿。T 型可以衍生出 Y 型和 V 型款式（图 11-6）。

5. Y型

由 A 型和 T 型演变而来的服装款式，强调肩宽，从腰部到下身采取贴身设计。此种造型的作用是可以更加突出女性胸部及细长性感的双腿（图 11-7）。

图 11-7　Y 型款大衣

6. X型

指宽肩、细腰、宽大下摆的服装造型。这种造型是现代女装的主要造型之一。通过夸张的肩宽及臀围以突出女性婀娜窈窕的身态（图 11-8）。

图 11-8　X 型款大衣

7. S型

指服装的侧影呈S型曲线样式的服装款式，整体造型贴合人体曲线，更加突出女性的曲线美（图11-9）。

图11-9　S型款大衣

8. O型

肩部、腰部以及下摆没有明显的棱角，特别是腰部线条松弛，不收腰，整体外形饱满、圆润（图11-10）。

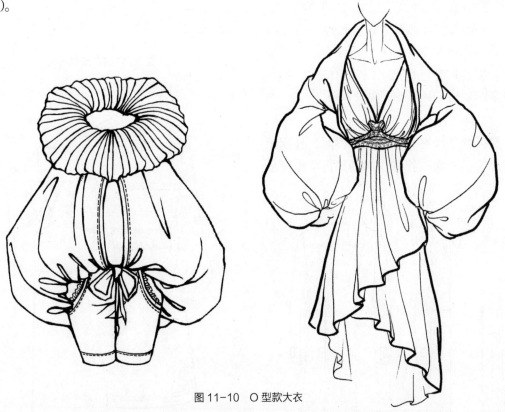

图11-10　O型款大衣

大衣、风衣的设计越来越受流行趋势的影响，传统的大衣、风衣款式多年来一直在不断的改变，特别是近年来大衣、风衣的设计结合流行元素逐渐由中性化风格向女性化风格转变。

第三节
女大衣、风衣
衣领设计

衣领的设计包括领圈设计和领子设计。

1. 领圈设计

领圈又称为领线，一般是指使头部通过的衣服洞的形状，不包括领座和领面。领圈设计通常有圆型领、方型领、V型领、船形领等。

2. 领子设计

领子一般由领圈、领座和领面三个元素搭配构成。外套的衣领包括立领、翻领、翻驳领等。

（1）立领

立领是只有领座、无翻领的领型或领座与翻领缝合在一起的衣领。立领的结构较为简单，具有端庄、典雅的东方情趣。在传统的中式服旗袍及学生装上应用较多。现代服装中立领的造型已脱离了以往的模式，不断出现新颖、流行的造型（图11-11）。

（2）翻折领

翻折领是既有领座，又有领面，且翻领向外翻折的领型。根据领面的翻折形态可分为小翻折领和大翻折领，翻折领的变化较为丰富。广泛用于女士衬衣、夹克衫、运动衫等（图11-12）。

（3）翻驳领

翻驳领是既有领座又有领面，还有驳头并向外翻折的领型，领式变化很多，翻驳领的领面一般比其他领型大并且线条明快流畅，在视觉上常起到阔胸阔肩的作用，给人以大方、庄重的感觉。常用的有西服领、青果领、平驳领、连驳领等（图11-13）。

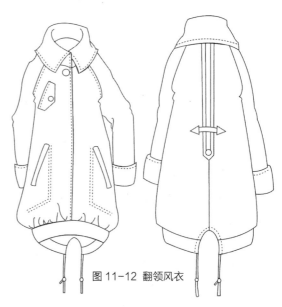
图11-12 翻领风衣

图11-11 立领大衣

图11-13 翻驳领风衣

第四节
女大衣、风衣
衣袖设计

　　袖子在服装造型中占有重要地位，其造型主要根据袖窿结构的变化而变化。大衣、风衣常见的袖型有装袖、插肩袖、连身袖等造型。随着服装材料的更新与流行，大衣、风衣的袖型设计也在不断呈现新的特征。大衣、风衣袖的设计包括袖窿、袖身和袖口的处理，由此变化出两种主要形式，即无袖和装袖。

1. 装袖

　　根据人体肩部及手臂的结构进行分割造型，把肩袖部分分为袖窿和袖山两部分，然后装接缝合而成的袖型，亦称圆装袖。西服袖是典型的装袖，符合人的肩臂部位的曲线，外观挺括，具有较强的立体感。常用于大衣、风衣、外套、西装等（图 11-14）。

2. 分割袖

　　分割袖是介于连袖与装袖之间的袖型，是在连袖的基础上将整个袖身作分割线，根据分割线形状可分插肩袖、半插肩袖、落肩袖等（图 11-15），整个肩部被袖子覆盖，故为插肩袖。插肩袖穿着合体和舒适，常用于大衣、风衣、外套等。

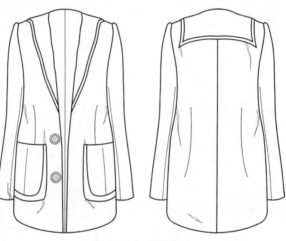

图 11-14　装袖设计

图 11-15　插肩袖设计

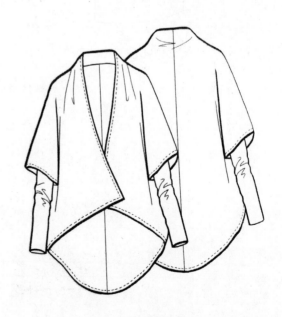

图 11-16　连袖设计

3. 连袖

连袖又称中式袖、和服袖，是袖身与衣身连在一起的袖型，是衣袖一体呈平面形态的袖型。由于不存在生硬的结构线，因此能保持上衣良好的平整效果（图 11-16）。

衣袖穿着于人体活动量最大的上肢，同时对上衣的外形具有一定的影响。因此袖的造型设计应注意以下几点：

① 袖的造型要适应服装的功能要求。如西装袖考虑适体性可用装袖，而休闲装袖要宽松性可用插肩袖。

② 袖身造型应与大身协调。

③ 运用袖子的变化来烘托服装整体的变化。袖不但要从属于大身，并应配合领子的造型与衣身共同达到高度协调与统一。

④ 袖子设计适应流行趋势。

总之，衣袖的造型既要适应人体上肢活动的特定需要，又要与整体服装取得和谐协调的观感（图 11-17）。

图 11-17　衣袖设计

第五节
女大衣、风衣流行款式案例赏析

1. 案例一

特点：经典风衣，领子设为驳领，肩部有肩带，袖子设计较宽大，袖口用袖襻收缩，腰间收腰系带，前片有两斜插袋，扣子4粒（图11-18）。

图 11-18　经典风衣

2. 案例二

特点：A型，戴有毛领子，款式新颖，带有褶皱（图11-19）。

图 11-19　A型大衣

3. 案例三

特点：A 型款式，收腰后面系蝴蝶结，双排扣，袖子带有一点泡泡袖，9 粒扣子（图 11-20）。

图 11-20　A 型大衣

4. 案例四

特点：X 型款式，大饿驳领，腰部收紧，肩部做造型，下摆加大（图 11-21）。

图 11-21　X 型大衣

5. 案例五

特点：A型款式，立领，下摆设为不规则长度，袖子落肩为荷叶边袖，左右侧开衩，时尚又大气，7粒扣（图11-22）。

图 11-22　A 型风衣

6. 案例六

特点：H型款式，双层螺纹领，宽松长款版型（图11-23）。

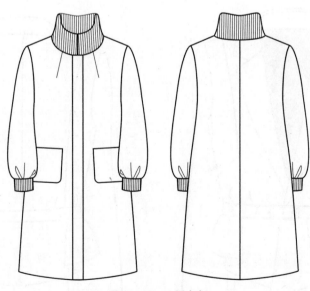

图 11-23　H 型大衣

7. 案例七

特点：H型款式，翻驳领，有袖襻，有两个大口袋，版型休闲（图11-24）。

图 11-24　H型大衣

8. 案例八

特点：H型款式，翻领，微落肩，有袖襻，下摆有抽绳，有四个口袋（图11-25）。

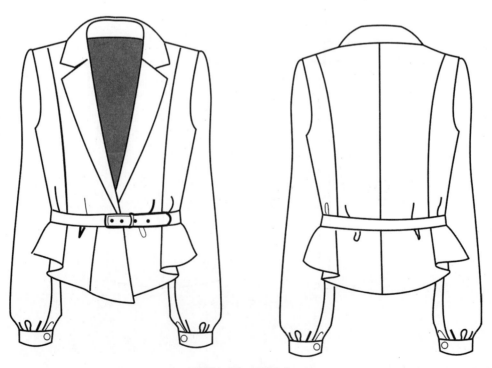

图 11-25　H型大衣

9. 案例九

特点：X型款式，款式收腰，翻领结构无扣子款式（图11-26）。

图 11-26　X 型大衣

10. 案例十

特点：X型款式，前后覆肩，前片分割线的双排扣，下摆收缩，有腰带（图11-27）。

图 11-27　X 型风衣

11. 案例十一

特点：X 型款式，腰部为罗纹面料，上衣有前后覆司（图 11-28）。

图 11-28   X 型大衣

12. 案例十二

特点：X 型款式，领部为罗纹面料，有腰带、贴袋（图 11-29）。

图 11-29   X 型大衣

13. 案例十三

特点：A 型款式，立翻领，罗纹袖口，
上衣有前后覆司（图 11-30）。

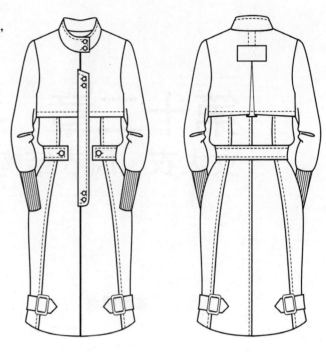

图 11-30　A 型大衣

14. 案例十四

特点：H 型款式，连帽大衣，有毛皮装
饰（图 11-31）。

图 11-31　H 型大衣

思考题：

1. 女大衣、风衣的分类有哪几种？

2. 试述女大衣、风衣廓型的特点。

第十二章
女大衣、风衣结构设计

本章要点

结构设计的平衡包括构成服装几何形态的各个部位的外观形态平衡与服装材料的缝制形态平衡。结构设计的平衡决定了服装的形态与人体准确吻合的程度以及在人们视觉中的感观美，因而是评价服装质量的重要依据。

第一节
女大衣、风衣结构设计要点

大衣、风衣的衣身结构平衡如下：

① 衣身梯形平衡是将前衣身浮余量以下放的形式消除。此类平衡适用于宽腰服装，尤其是下摆量较大的风衣、大衣类等服装。

② 衣身箱形平衡将前衣身浮余量用省量（对准 BP 点或不对准 BP 点）或工艺归拢的方法消除。此类平衡适用于卡腰收身服装，尤其是贴体风格服装。

③ 衣身梯形——箱形平衡是将浮余量部分撇胸，分割线消除，部分采用下放的形式处理，此类平衡适用较卡腰的较贴体或者较宽松风格的服装。

典型实例分析如图 12-1、图 12-2 所示。

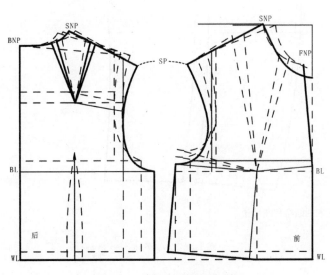

图 12-1　衣身结构平衡要点图

第二节
衣领结构

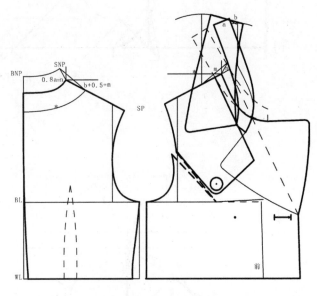

图 12-2　衣领结构设计图

大衣的衣领因需有保暖性作用，故一般 $a \geq 4cm$，$b \geq a+2cm$，$\alpha =100° \sim 120°$。领身采用翻折领分割形式或翻立领形式。

第三节
衣袖结构

衣袖设计（两片袖设计）及插肩衣袖结构设计，典型实例分析如图 12-3、图 12-4 所示。

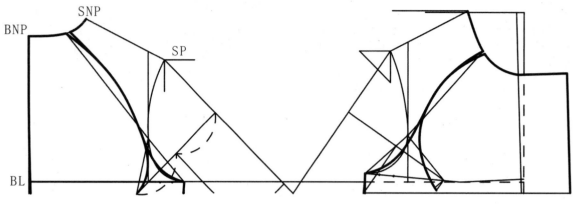

图 12-3　插肩衣身结构设计图

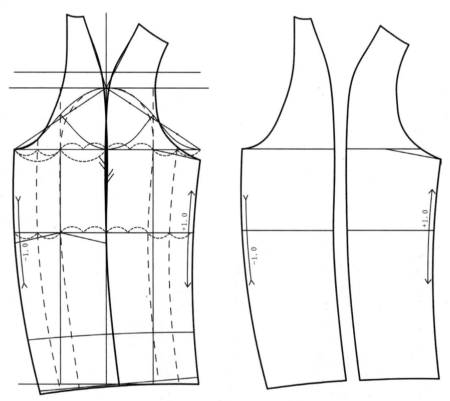

图 12-4　插肩衣袖结构及袖片图

第四节 经典时尚款女大衣结构设计

（1）款式设计要点

双排四粒扣、插肩袖设计、大方领领座设计，左右覆肩襻设计，斜袋盖设计，腰带装饰属较宽松造型设计风格（图12-5）。

（2）成衣规格表

见表12-1。

1. 插肩袖翻折领女大衣

图12-5　插肩袖翻折领女大衣款式图

表12-1　成衣规格表　　　　　　　　　　　　单位：cm

部位 部位 尺码代号 代码 号型		150/76A	155/80A	160/84A	165/88A	170/92A	档差
		XS	S	M	L	XL	
后衣长	L	106	108	120	122	124	2
胸围	B	94	98	102	106	110	4
腰围	W	78	82	86	90	94	4
臀围	H	112	116	120	124	128	4
袖长	SL	59	60	61	62	63	1.0
袖口大	CW	11.8	12.2	12.6	13	13.4	0.4
肩宽	S	39	40	41	42	43	1.0
腰节长	BWL	37	38	39	40	41	1.0
领围	N	38.4	39.2	40	40.8	40.6	0.8
后领座高	a	4	4	4	4	4	0
后领面宽	b	6	6	6	6	6	0

（3）衣身平衡版型结构

如图12-6所示。

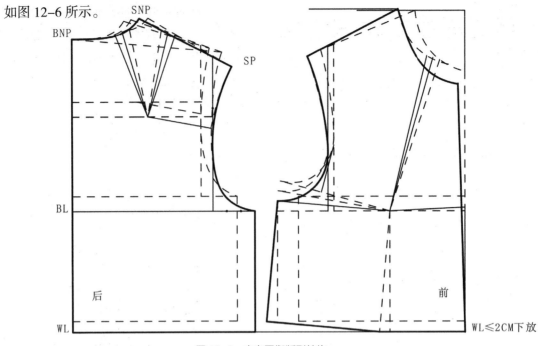

图12-6　衣身平衡版型结构

（4）衣身版型结构

如图12-7所示。

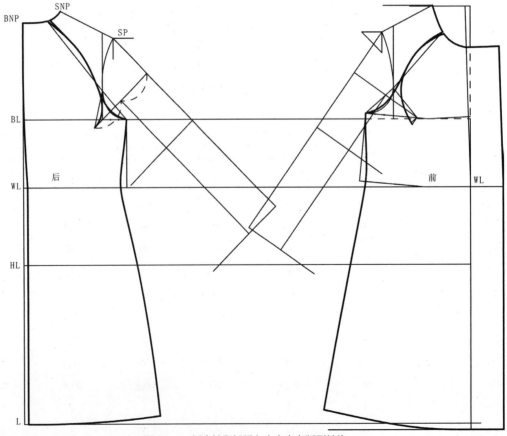

图12-7　插肩袖翻折领女大衣衣身版型结构

（5）衣袖版型结构

如图 12-8 所示。

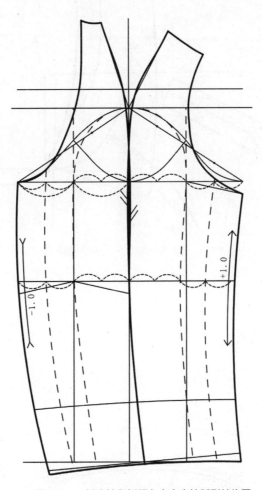

图 12-8　插肩袖翻折领女大衣衣袖版型结构图

（6）衣领版型结构

如图 12-9、图 12-10 所示。

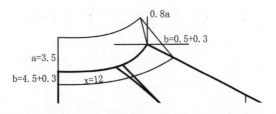

图 12-9　插肩袖翻折领女大衣后衣领版型结构图

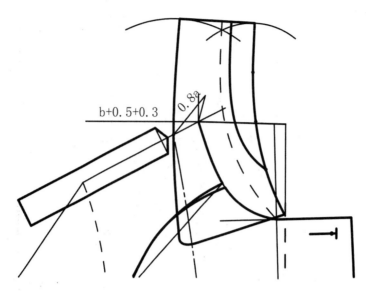

图 12-10　插肩袖翻折领女大衣配领结构图

（7）全套版型纸样图

如图 12-11 ～图 12-14 所示。

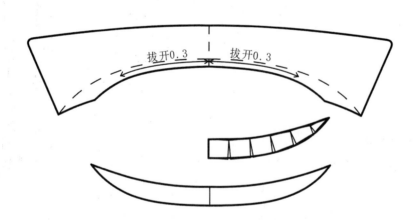

图 12-11　插肩袖翻折领女大衣衣领版型纸样图

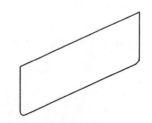

图 12-12　插肩袖翻折领女大衣袋盖定型版

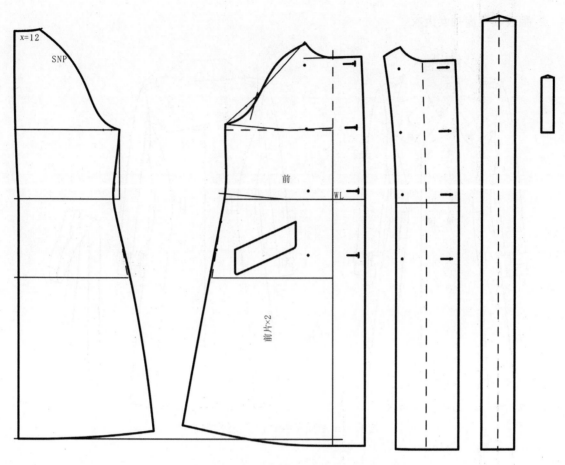

图 12-13 插肩袖翻折领女大衣衣身及零部件纸样

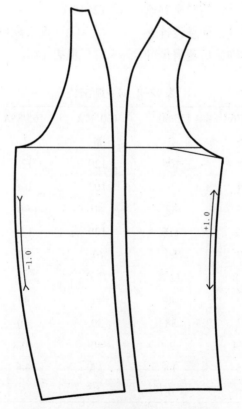

图 12-14 插肩袖翻折领女大衣袖片纸样

2. 翻驳领平肩袖女大衣

图12-15　翻驳领平肩袖女大衣款式图

（1）款式设计要点

双排三粒扣、平肩袖设计、翻驳领领座设计，左右覆肩襻及风叶设计，插袋设计在八片分割缝里，活动腰带装饰，后覆肩风叶采用不对称设计，属较合体造型设计风格（图12-15）。

（2）成衣规格表

见表12-2。

表12-2　成衣规格表　　　　　　　　　　　　　单位：cm

部位　部位代号　尺码代号　号型	150/76A	155/80A	160/84A	165/88A	170/92A	档差
	XS	S	M	L	XL	
后衣长　L	106	108	120	122	124	2
胸围　B	94	98	102	106	110	4
腰围　W	78	82	86	90	94	4
臀围　H	112	116	120	124	128	4
袖长　SL	59	60	61	62	63	1.0
袖口大　CW	11.8	12.2	12.6	13	13.4	0.4
肩宽　S	39	40	41	42	43	1.0
腰节长　BWL	37	38	39	40	41	1.0
领围　N	38.4	39.2	40	40.8	40.6	0.8
后领座高　a	3.5	3.5	3.5	3.5	3.5	0
后领面宽　b	6	6	6	6	6	0

（3）衣身版型结构

衣身结构平衡采用箱形平衡，将实际浮余量采用撇胸和弧形分割线加以消除（图12-16）。

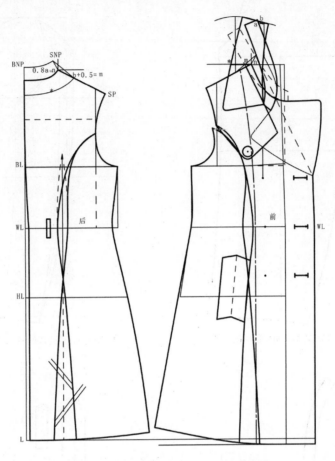

图 12-16　翻驳领平肩袖女大衣衣身结构图

（4）衣袖版型结构

如图 12-17 ~ 图 12-22 所示。

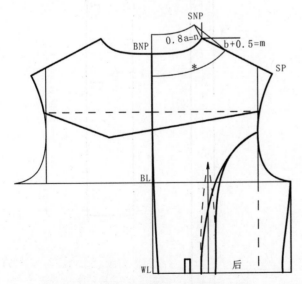

图 12-17　翻驳领平肩袖女大衣后领结构图

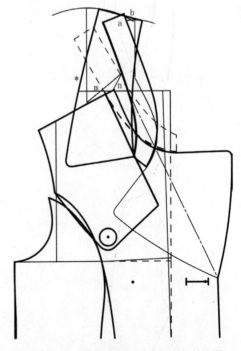

图 12-18　翻驳领平肩袖女大衣前领结构图

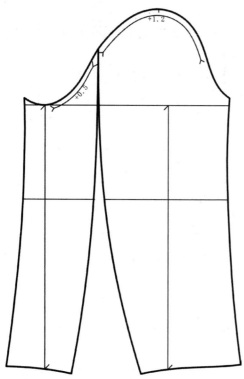

图 12-19　翻驳领平肩袖女大衣袖片纸样校正图

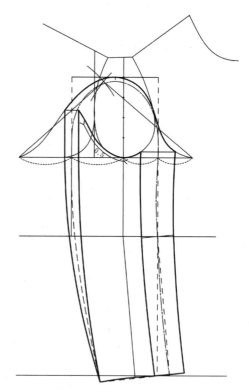

图 12-20　翻驳领平肩袖女大衣配袖结构图

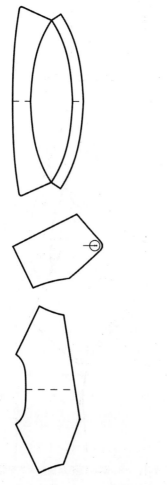

图 12-21　翻驳领平肩袖女大衣零部件纸样

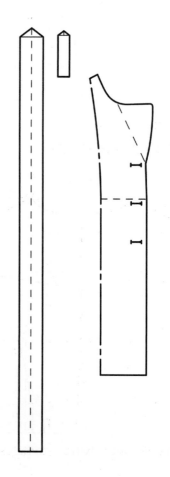

图 12-22　翻驳领平肩袖女大衣挂面及腰带纸样

3.无领平肩袖宽松女大衣

图 12-23 无领平肩袖宽松女大衣效果图

（1）款式设计要点

领部一粒明扣、单排暗扣、圆袖袖口翻边设计、无领设计，前后衣身采用分割胸腰省设计，属较合体造型设计风格（图 12-23）。

（2）成衣规格表

见表12-3。

表12-3　成衣规格表

单位：cm

部位　　部位尺码代号 代码	部位 代码	150/76A XS	155/80A S	160/84A M	165/88A L	170/92A XL	档差
后衣长	L	106	108	120	122	124	2
胸围	B	94	98	102	106	110	4
腰围	W	78	82	86	90	94	4
臀围	H	112	116	120	124	128	4
袖长	SL	59	60	61	62	63	1.0
袖口大	CW	11.8	12.2	12.6	13	13.4	0.4
肩宽	S	39	40	41	42	43	1.0
腰节长	BWL	37	38	39	40	41	1.0
领围	N	38.4	39.2	40	40.8	40.6	0.8
后领座高	a	0	0	0	0	0	0
后领面宽	b	0	0	0	0	0	0

（3）衣身平衡版型结构

采用梯形—箱形平衡，由于该款式设计弧线形分割省，属合体衣身结构，故将前浮余量大部分转入撇胸或弧形分割省道消除，少部分以下放形式处理（图12-24）。

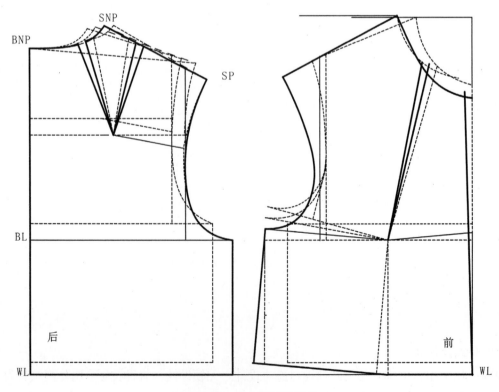

图12-24　衣身平衡版型结构

（4）衣身结构图

如图 12-25 所示。

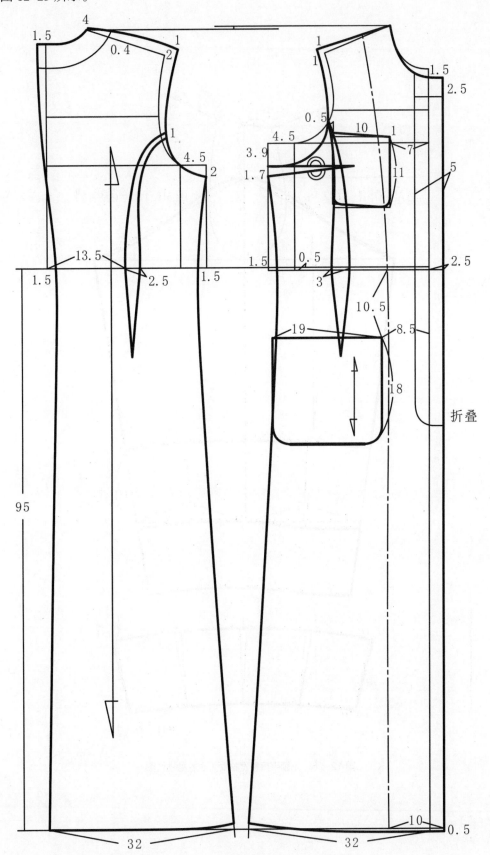

图 12-25　无领平肩袖宽松女大衣身结构图

（5）衣袖结构图

如图 12-26 所示。

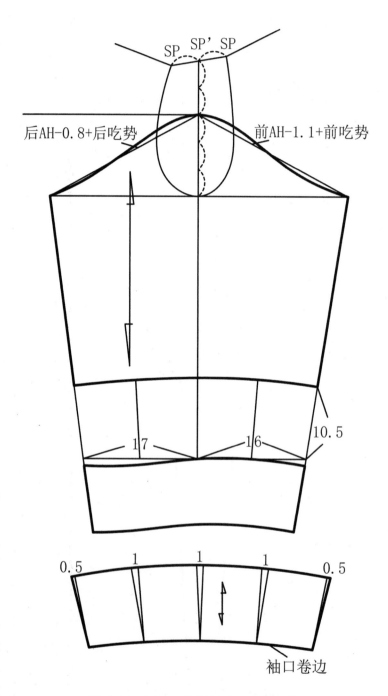

后AH-0.8+后吃势　　前AH-1.1+前吃势

图 12-26　无领平肩袖宽松女大衣衣袖结构图

4. 翻驳领圆袖双排扣大衣

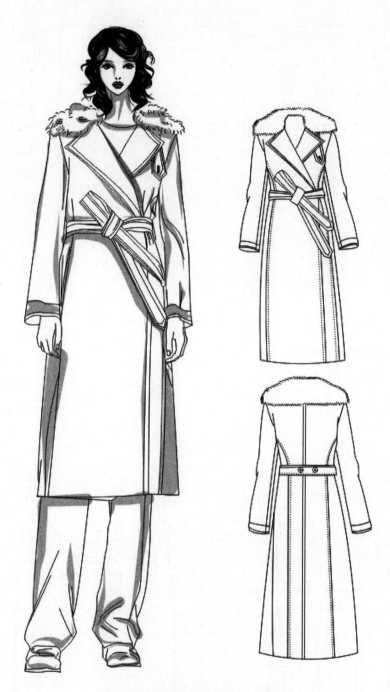

图 12-27 翻驳领圆袖双排扣大衣效果图

（1）款式设计要点

双排扣平肩袖袖口袖襻设计、翻驳领装活动毛领设计，后衣身采用八片分割设计，活动腰带设计，属较宽松造型设计风格（图 12-27）。

（2）成衣规格表

见表12-4。

表12-4 成衣规格表   单位: cm

部位 \ 部位代码 \ 尺码代号	号型 尺码代号	150/76A XS	155/80A S	160/84A M	165/88A L	170/92A XL	档差
后衣长	L	106	108	110	112	114	2
胸围	B	88	92	96	100	104	4
腰围	W	78	82	86	90	94	4
臀围	H	92	96	100	104	108	4
袖长	SL	58	59	60	61	62	1.0
袖口大	CW	12.2	12.6	13	13.4	13.8	0.4
肩宽	S	37	38	39	40	41	1.0
腰节长	BWL	37	38	39	40	41	1.0
领围	N	38.4	39.2	40	40.8	40.6	0.8
后领座高	a	2	2	2	2	2	0
后领面宽	b	11.7	11.7	11.7	11.7	11.7	0

（3）翻驳领圆袖双排扣大衣结构图

如图12-28 ~ 图12-30所示。

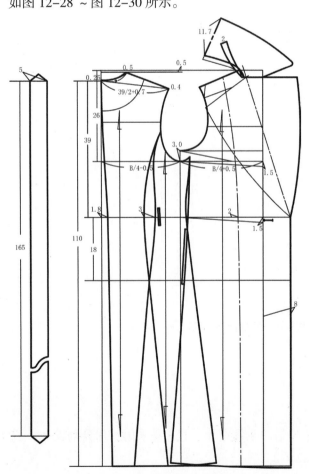

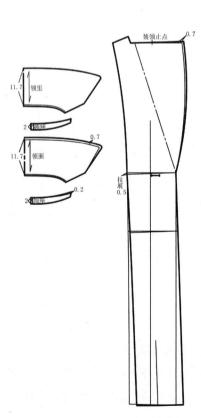

图12-28 大衣衣身结构图   图12-29 大衣挂面及衣领结构图

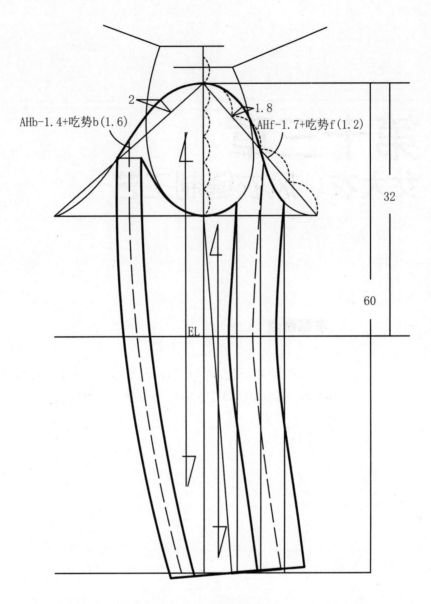

图 12-30　大衣衣袖结构图

思考题

1. 大衣衣身的结构原理分析？
2. 领型、袖型结构原理分析？
3. 前后浮余量的消除方法。
4. 衣身结构平衡种类及女性人体与服装之间的关系？
5. 大衣结构与人体活动特点。

第十三章
女大衣、风衣缝制工艺

本章要点

　　风衣制作工艺要求严格，因此黏衬、开袋、做领、装领、合挂面、做袖、装袖及后背工艺等均为精制工艺中的重点。

一、款式图

款式特点：前襟双排扣，整体呈 X 型，配同色料腰带、肩襻，采用装饰线缝，前片左右各一个插袋，翻领（图 13-1）。

图 13-1　女大衣、风衣款式图

二、排料图

如图 13-2 所示。

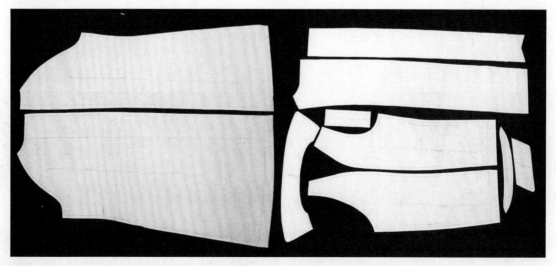

图 13-2　排料图

三、适用面料

可使用棉布、锦纶面料制作，里布可用素色或印花薄棉布，也可以用配色纺真丝里布。

四、缝制工艺流程

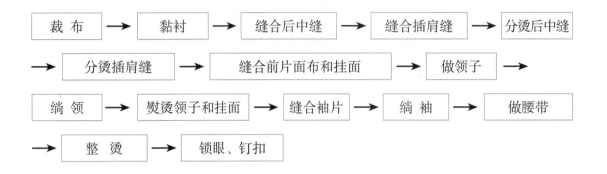

五、缝制工艺步骤

① 裁片锁边。根据纸样进行排料、裁布，并进行裁片锁边（图 13-3）。

② 肩章烫衬。肩章、领子、袋盖黏合无纺衬（图 13-4、图 13-5、图 13-6）。

面料：领座、领面、挂面、后领托、前中片、前侧片、后上片、后中片、后侧片、前后下摆、前后腰片、腰带。

里料：带盖、袖襻。注意黏合衬各部位表面不允许有黏胶。

③ 缝合后中缝。将后衣片正面相对，对齐后中缝缉缝 1cm，然后分缝烫平（图 13-7）。

④ 合插肩缝。将后面和后袖正面相对按缝份缉缝，缝份 1cm，后肩斜略吃进 0.5cm（图 13-8）。

⑤ 做肩襻。将两块肩襻正面相叠，缉 1cm，在三角形中间尖角处放入拉线，修剪缝份，正面翻出，拉出尖角，熨烫平服，将肩襻毛缝处锁边（图 13-9）。

⑥ 合上领。将上领的面里正面相对，领面放上，延缝合上领，要求在领角处领面稍松，领里稍紧，让领子有服贴感。

图 13-3　裁片锁边

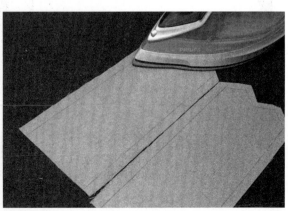

图 13-4　肩章烫衬

图 13-5　领子烫衬

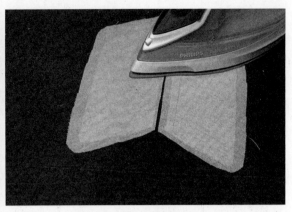

图 13-6　袋盖烫衬

　　⑦ 修剪、扣烫缝份。先把领角的缝份修剪留 0.3cm，将领面朝上，延缝线扣烫后，翻到正面，在领里将领止口烫成里外匀（图 13-10）。

　　⑧ 分烫。采用分开缝熨烫后中缝（图 13-11）、分开缝熨烫插肩袖绱缝的缝份（图 13-12）、分开缝熨烫领子绱缝的缝份（图 13-13）。

　　⑨ 合挂面。将挂面的正面和前片正面相对，按缝份绱缝（图 13-14）。

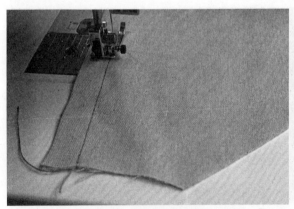

图 13-7　缝合后中缝

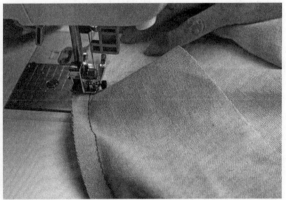

图 13-8　合插肩缝

图 13-9　做肩襻

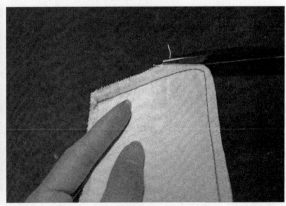

图 13-10　领角修剪 0.3cm 缝份

⑩ 将领子正面对准衣片正面，沿领弧绲缝一周，分缝平烫。在翻领与领座接缝处绲0.3cm 明线。

⑪ 绱领。对准对位点，分别将领面与挂面、里子，领底与大身衣片在领窝处进行缝合（图 13-15）。

两层领窝线分别分缝，大身里子处倒缝、烫平，必要处打剪口。

用手针或机器将两层领窝处的缝份缝合固定。

图 13-11　分烫后中缝

⑫ 整烫领子和挂面。将挂面翻至正面熨烫平服，注意熨烫时尽量熨烫反面（图 13-16）。

⑬ 收袖山吃势。裁两条正斜丝绺的棉布条，长约 30cm 左右，宽约 2.5cm，沿袖山净线外侧 0.3cm 处车缝，开始时略拉紧斜条，而后逐渐增大拉力，袖山最高点处不要拉紧斜条，过袖山顶点后再拉紧，然后逐渐减少拉力至平缝，袖山缩缝量约 3cm，视面料厚薄、松紧调整缩缝量。把缩缝后的袖山头放在铁凳上熨烫均匀、平滑，使袖山圆顺饱满。

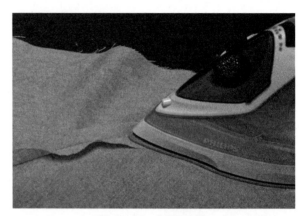

图 13-12　分烫插肩缝

⑭ 装袖。

检查袖子和袖窿上的装袖对档标记，前袖缝对前袖窿对档位。

袖山头对肩缝。

后袖缝对后袖窿对档位。在实际装袖时，对档位置会产生偏移，因此还需按照装袖质量要求适当调整对档位置，

⑮ 将领子、门襟、袖口、袋盖、下摆绲明线，如图 13-17 所示。

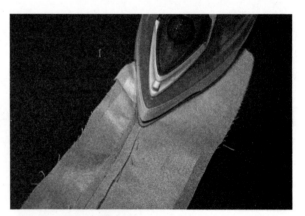

图 13-13　分烫领子

⑯ 绲缝腰带。将腰带反面画上净线，腰带正面与正面相对按净线绲缝缝份，翻至正面熨烫平服并间隔 0.8cm 绲装饰线（图 13-18）。

⑰ 烫摆缝。将摆缝放平放直，从底边开始朝上熨烫。

⑱ 烫后背。后背中缝放直放平，喷水、盖布，烫平烫服。肩胛骨隆起处及臀部胖势处下垫布馒头喷水，盖布熨烫，使之符合人体造型。

图 13-14　合挂面

⑲ 锁眼。扣眼位按线钉标记确定，眼位的进出按叠门线向止口方向移动 0.3cm，扣眼大小新为 2.3cm。

⑳ 钉扣。

定纽扣位。高低、进出与扣眼位相符，画出粉印。袖口装饰纽扣位离底边 3.5cm，袖衩进 0.5cm，两纽扣相距 0.8cm.

钉纽扣。用同色双股粗丝线，钉线两上两下将纽扣钉牢。再绕钮脚四圈左右，钮脚长短可根据面料的厚薄作相应增减。袖衩钉装饰纽扣，不需绕脚，用双股同色粗丝线两上两下钉牢即可。

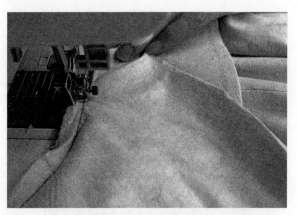

图 13-15　绱领子

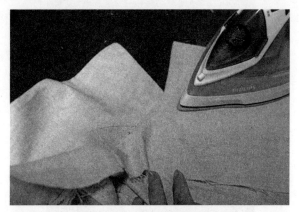

图 13-16　整烫领子和挂面

图 13-17　领子缉明线

图 13-18　缉缝腰带

六、成品图

如图 13-19、图 13-20 所示。

图 13-19　正面

图 13-20　背面

思考题

1. 肩襻制作步骤是什么?
2. 双排扣如何定位?

附录 1　经典女上装版型设计案例

例1：单排扣平驳领两片袖合体女西服

成衣规格   单位：cm

部位 / 部位代码 / 尺码代号	尺码代码	150/76A	155/80A	160/84A	165/88A	170/92A	档差
后衣长	L	50	52	54	56	58	2
胸围	B	82	86	90	94	98	4
腰围	W	64	68	72	76	80	4
臀围	H	86	90	94	98	102	4
袖长	SL	55	56	57	58	59	1
袖口大	CW	11.8	12.2	12.6	13	13.4	0.4
肩宽	S	36	37	38	39	40	1
腰节长	BWL	37	38	39	40	41	1
领围	N	36.4	37.2	38	38.8	39.6	0.8
后领座高	a	3	3	3	3	3	0
后领面宽	b	3.8	3.8	3.8	3.8	3.8	0

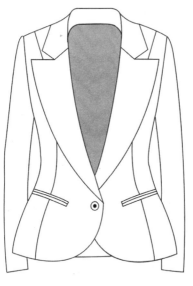
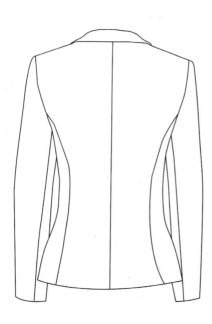

款式设计特点：翻驳领，八开身结构，采用圆摆，前后胸腰省分割设计，两片袖结构。

材料说明：采用薄毛料、棉麻等材料，较贴身穿着，季节为春秋季，内穿薄毛衣。

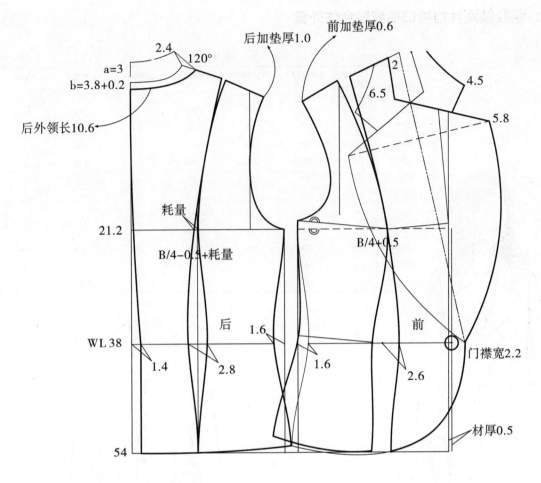

后加垫厚1.0
前加垫厚0.6

2.4
120°
a=3
b=3.8+0.2
后外领长10.6
2
6.5
4.5
5.8
耗量
21.2
B/4-0.5+耗量
B/4+0.5
后
前
1.6
1.6
WL 38
1.4
2.8
1.6
2.6
门襟宽2.2
材厚0.5
54

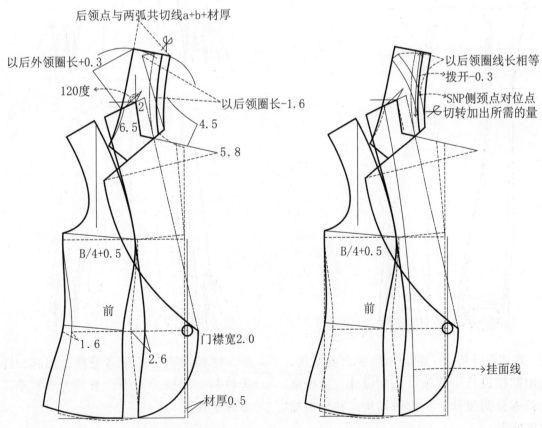

后领点与两弧共切线a+b+材厚
以后外领圈长+0.3
120度
2
6.5
4.5
5.8
以后领圈长-1.6
B/4+0.5
前
1.6
2.6
门襟宽2.0
材厚0.5

以后领圈线长相等
拨开-0.3
SNP侧颈点对位点
切转加出所需的量
B/4+0.5
前
挂面线

例2：翻驳领两片袖袖口抽缩较合体外套

成衣规格　　　　　　　　　　　　　　　　单位：cm

部位 / 部位代码 / 尺码代号代码	号型	150/76A	155/80A	160/84A	165/88A	170/92A	档差
后衣长	L	66	68	70	72	74	2
胸围	B	87	91	95	99	103	4
腰围	W	72	76	80	84	88	4
臀围	H	92	96	100	104	108	4
袖长	SL	57	58	59	60	61	1
袖口大	CW	21.7	22.1	22.5	22.9	23.3	0.4
肩宽	S	37	38	39	40	41	1
腰节长	BWL	37	38	39	40	41	1
领围	N	37.4	38.2	39	39.8	40.6	0.8
后领座高	a	4	4	4	4	4	0
后领面宽	b	5	5	5	5	5	0

款式设计特点：翻驳连领，八开身结构，采用圆摆设计，前领口分割设计，后袖窿及腰省分割设计，一片袖结构，袖口抽缩拼接处理。

材料说明：采用薄毛料、棉麻、纤维等材料，属较合身型，季节为春秋季，内穿薄毛衣。

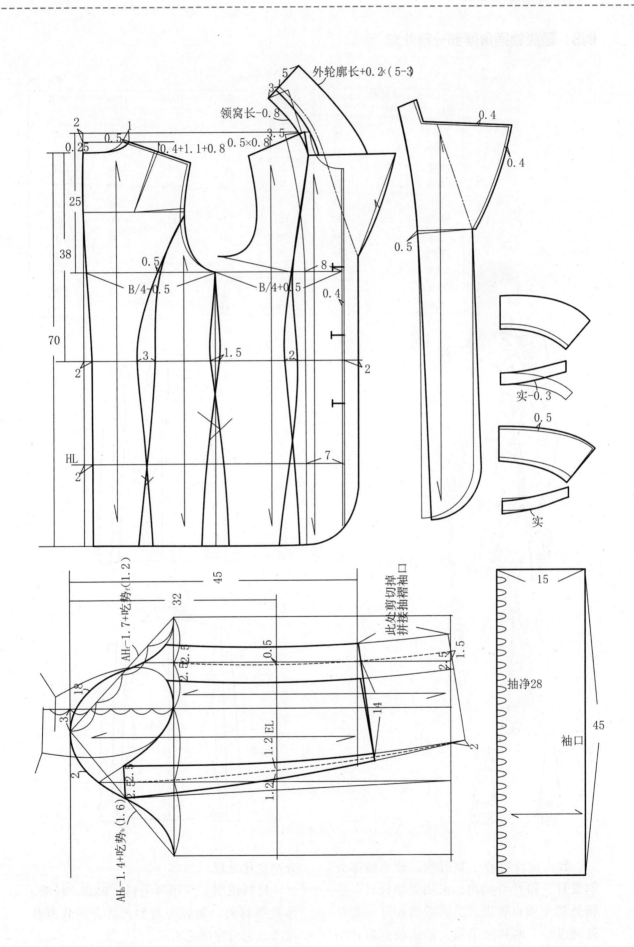

例3：翻驳领插角腰部分割外套

成衣规格   单位：cm

部位	部位代码 尺码代号	150/76A	155/80A	160/84A	165/88A	170/92A	档差
后衣长	L	66	68	70	72	74	2
胸围	B	87	91	95	99	103	4
腰围	W	72	76	80	84	88	4
臀围	H	92	96	100	104	108	4
袖长	SL	57	58	59	60	61	1
袖口大	CW	11.7	12.1	12.5	12.9	13.3	0.4
肩宽	S	38	39	40	41	42	1
腰节长	BWL	37	38	39	40	41	1
领围	N	37.4	38.2	39	39.8	40.6	0.8
后领座高	a	2	2	2	2	2	0
后领面宽	b	11	11	11	11	11	0

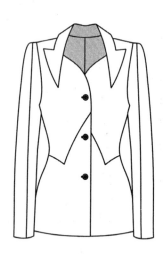

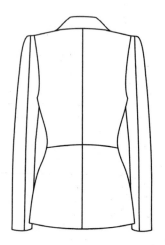

款式设计特点：翻驳领，插角腰部分割设计，四开身结构，采用直摆设计，前领分割至领口省设计，前后腰省分割合并处理设计，两片袖结构，袖山根据款式图分割变化处理。

材料说明：采用薄毛料、棉麻、纤维、薄呢等材料，属较合身型，适合季节为春秋季，内可穿薄毛衣。

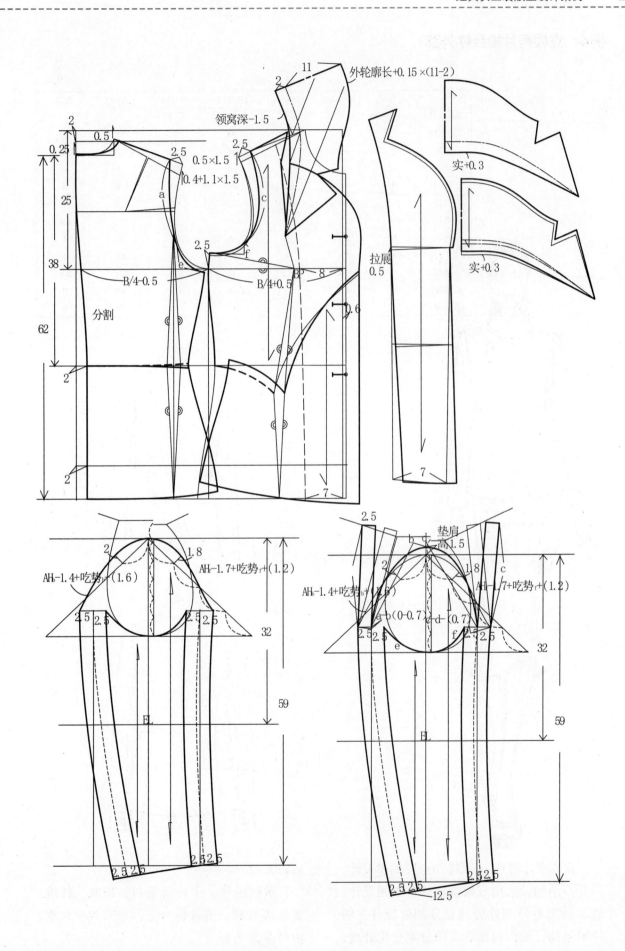

例4：立领两片袖合体外套

成衣规格　　　　　　　　　　　　　　　　单位：cm

部位	尺码代号	150/76A	155/80A	160/84A	165/88A	170/92A	档差
后衣长	L	66	68	70	72	74	2
胸围	B	86	90	94	98	102	4
腰围	W	72	76	74	84	88	4
臀围	H	92	96	96	104	108	4
袖长	SL	58	59	60	61	62	1
袖口大	CW	11.7	12.1	12.5	12.9	13.3	0.4
肩宽	S	38	39	40	41	42	1
腰节长	BWL	37	38	39	40	41	1
领围	N	37.4	38.2	39	39.8	40.6	0.8
后领座高	a	4.5	4.5	4.5	4.5	4.5	0
后领面宽	b	0	0	0	0	0	0

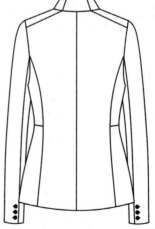

　　款式设计特点：双排扣束腰偏襟设计，八开身结构，采用直圆摆设计，立领设计，前后胸腰省分割并处理到分割缝设计，两片袖结构，袖山根据款式图分割变化处理，袖口开衩。

　　材料说明：采用薄毛料、棉麻、纤维、薄呢等材料，属较合身型，季节为春秋季，内可穿薄毛衣。

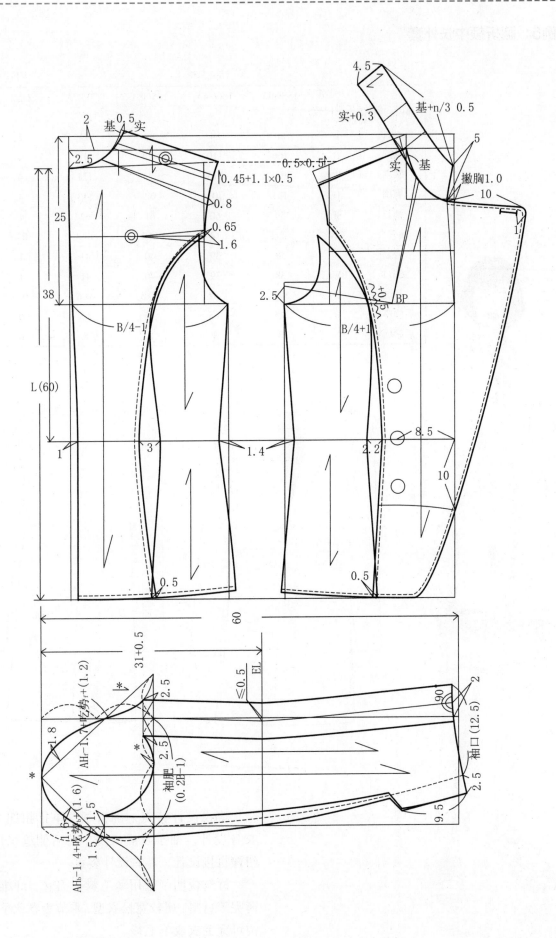

例5：翻折领中长外套

成衣规格　　　　　　　　　　　　　　　　　　　单位：cm

部位 / 部位代码	尺码代号代码	155/80A	160/84A	165/88A	170/92A	档差
后衣长	L	80	84	88	92	2
胸围	B	106	110	114	118	4
腰围	W	109	113	117	121	4
臀围	H	101	105	109	113	4
袖长	SL	59	60	61	62	1
袖口大	CW	13.2	14	14.1	14.8	0.4
肩宽	S	38	39	40	41	1
腰节长	BWL	38	39	40	41	1
领围	N	39.2	40	40.8	41.6	0.8
后领座高	a	3.5	3.5	3.5	3.5	0
后领面宽	b	8	8	8	8	0

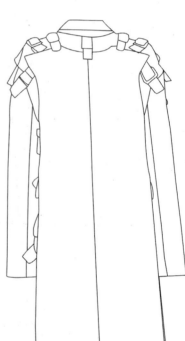

款式设计特点：翻折领，单排扣四分衣身设计，袖子及后衣身、前后侧缝采用纽襻拼接设计，左右设计袋盖。

材料说明：采用薄毛料、棉麻、纤维、薄呢等材料，属较宽松衣型，季节为春秋季，内可穿毛衣或羊毛衫。

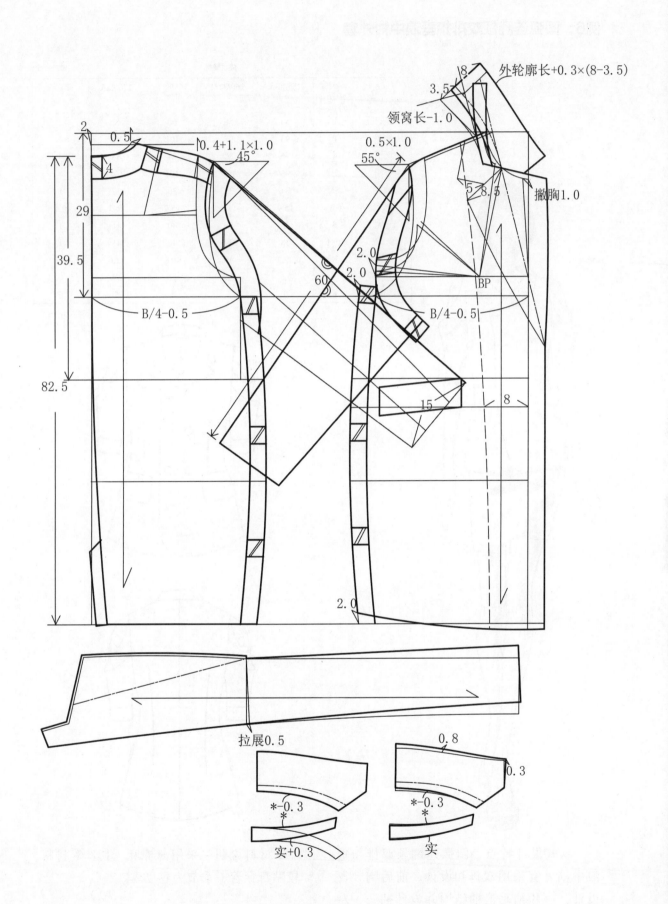

例6：圆弧连翻领双排扣垂浪中袖外套

<table>
<tr><th colspan="2"></th><th colspan="2">号型</th><th>155/80A</th><th>160/84A</th><th>165/88A</th><th>170/92A</th><th>档差</th></tr>
<tr><th>部位</th><th colspan="2">部位
尺码代号
代码</th><th></th><th></th><th></th><th></th><th></th></tr>
<tr><td>后衣长</td><td colspan="2">L</td><td>56</td><td>58</td><td>60</td><td>62</td><td>2</td></tr>
<tr><td>胸围</td><td colspan="2">B</td><td>93</td><td>97</td><td>101</td><td>105</td><td>4</td></tr>
<tr><td>腰围</td><td colspan="2">W</td><td>76</td><td>80</td><td>84</td><td>88</td><td>4</td></tr>
<tr><td>臀围</td><td colspan="2">H</td><td>96</td><td>100</td><td>104</td><td>108</td><td>4</td></tr>
<tr><td>袖长</td><td colspan="2">SL</td><td>34</td><td>35</td><td>36</td><td>37</td><td>1</td></tr>
<tr><td>袖口大</td><td colspan="2">CW</td><td>15.9</td><td>15.5</td><td>15.9</td><td>16.3</td><td>0.4</td></tr>
<tr><td>肩宽</td><td colspan="2">S</td><td>38</td><td>39</td><td>40</td><td>41</td><td>1</td></tr>
<tr><td>腰节长</td><td colspan="2">BWL</td><td>38</td><td>39</td><td>40</td><td>41</td><td>1</td></tr>
<tr><td>领围</td><td colspan="2">N</td><td>39.2</td><td>40</td><td>40.8</td><td>41.6</td><td>0.8</td></tr>
<tr><td>后领座高</td><td colspan="2">a</td><td>2.5</td><td>2.5</td><td>2.5</td><td>2.5</td><td>0</td></tr>
<tr><td>后领面宽</td><td colspan="2">b</td><td>5</td><td>5</td><td>5</td><td>5</td><td>0</td></tr>
</table>

成衣规格   单位：cm

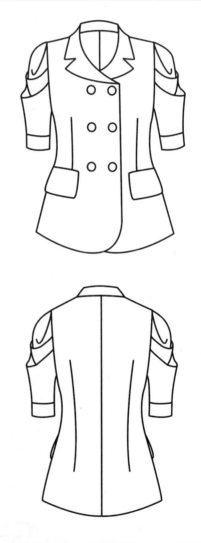

款式设计特点：圆弧连翻领双排扣垂浪中袖外套采用双排扣设计，前后胸腰省设计，一片袖垂浪袖结构并设计袖头，左右设计袋盖。

材料说明：采用薄棉麻、真丝等材料，较贴身穿着，季节为春夏季。

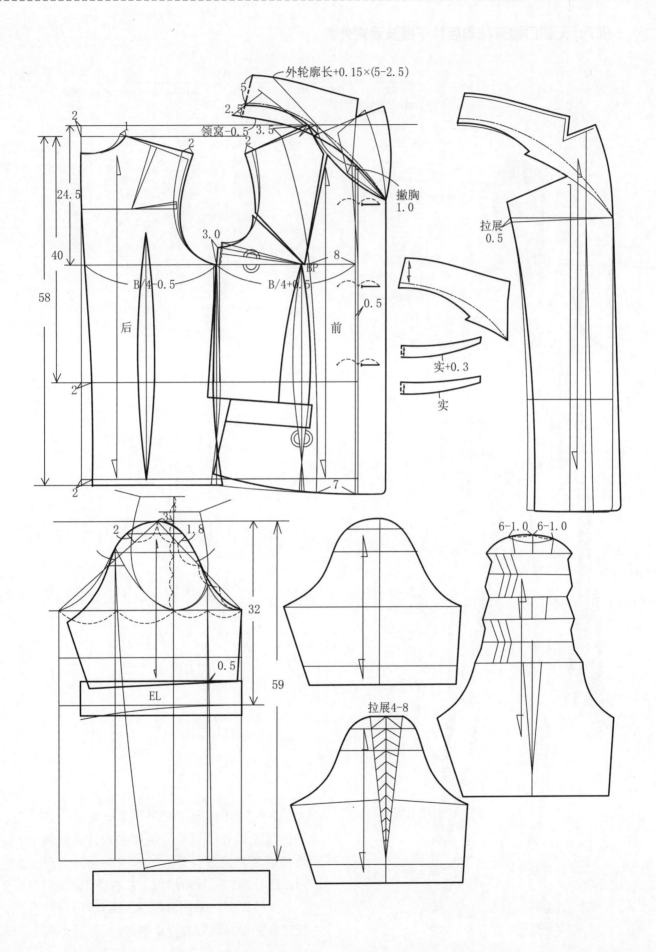

例7：无领门襟开花省后片下摆波浪短外套

成衣规格　　　　　　　　　　　　　单位：cm

部位	尺码代号	155/80A	160/84A	165/88A	170/92A	档差
后衣长	L	56	58	60	62	2
胸围	B	90	94	98	102	4
腰围	W	76	80	84	88	4
臀围	H	94	98	102	106	4
袖长	SL	59	60	67	68	1
袖口大	CW	13.1	13.5	13.9	14.3	0.4
肩宽	S	38	39	40	41	1
腰节长	BWL	37	38	39	40	1
领围	N	39.2	40	40.8	41.6	0.8
后领座高	a	0	0	0	0	0
后领面宽	b	0	0	0	0	0

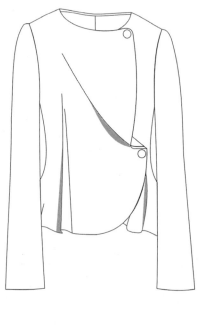
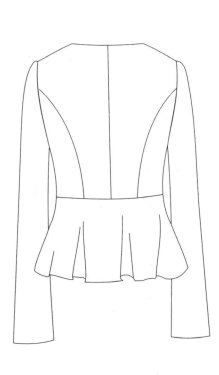

款式设计特点：无领门襟开花省后片下摆波浪短外套，采用偏襟扣设计，前胸腰省展开垂浪省设计，后衣身采用八片分割断腰分割，一片袖结构，左右设计袋盖。

材料说明：采用薄棉麻、真丝等材料，较贴身穿着，季节为春夏季。

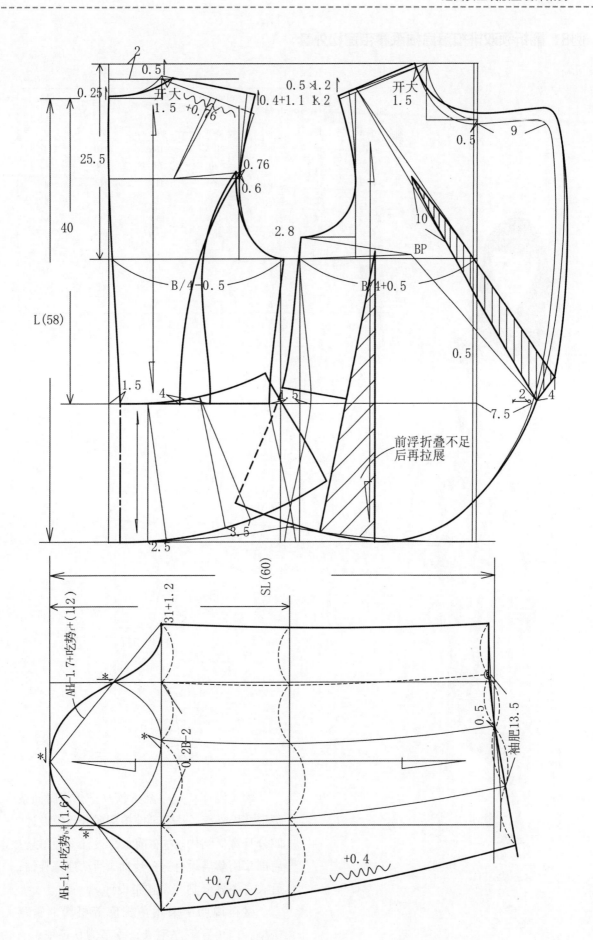

例8：翻折领双排扣落肩袖系腰带宽松外套

成衣规格　　　　　　　　　　　单位：cm

部位	部位代码 尺码代号代码	155/80A	160/84A	165/88A	170/92A	档差
后衣长	L	86	90	94	98	2
胸围	B	98	102	106	110	4
腰围	W	76	80	84	88	4
臀围	H	102	106	110	114	4
袖长	SL	60	61	62	63	1
袖口大	CW	13.1	13.5	13.9	14.3	0.4
肩宽	S	39.5	40.5	41.5	42.5	1
腰节长	BWL	38	39	40	41	1
领围	N	39.2	40	40.8	41.6	0.8
后领座高	a	3.5	3.5	3.5	3.5	0
后领面宽	b	5	5	5	5	0

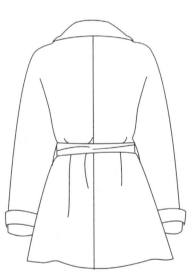

款式设计特点：翻折领双排扣落肩袖系腰带宽松外套，采用双排扣翻驳开门领设计，四分身宽松结构、左右前衣身设计斜插口袋，肩部采用落肩设计，一片袖，活动袖襻装饰，后衣身中缝分割并系腰带设计。

材料说明：采用薄棉麻等材料，属宽松型，内可穿较厚毛衣，季节为秋冬季。

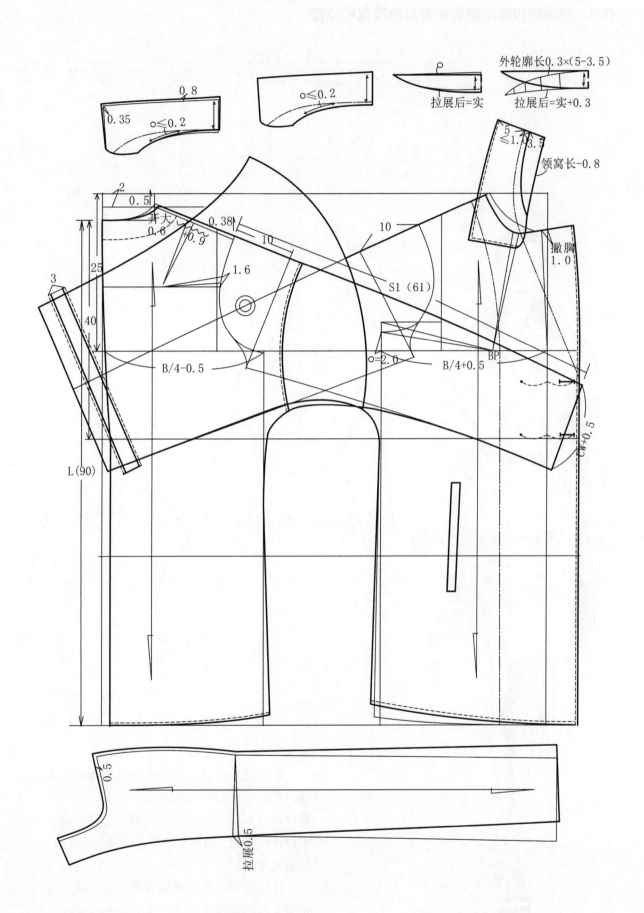

例9：翻折领双排扣落肩袖束腰带较宽松外套

成衣规格　　　　　　　　　　　　　　　单位：cm

部位	部位尺码代号代码	号型 150/76A	155/80A	160/84A	165/88A	170/92A	档差
后衣长	L	56	58	60	62	64	2
胸围	B	87	91	95	99	103	4
腰围	W	72	76	80	84	88	4
臀围	H	90	94	98	102	106	4
袖长	SL	58	59	60	61	62	1
袖口大	CW	12.2	12.6	13	13.4	13.8	0.4
肩宽	S	37	38	39	40	41	1
腰节长	BWL	36	37	38	39	40	1
领围	N	37.4	38.2	39	39.8	40.6	0.8
后领座高	a	3.5	3.5	3.5	3.5	3.5	0
后领面宽	b	5	5	5	5	5.5	0

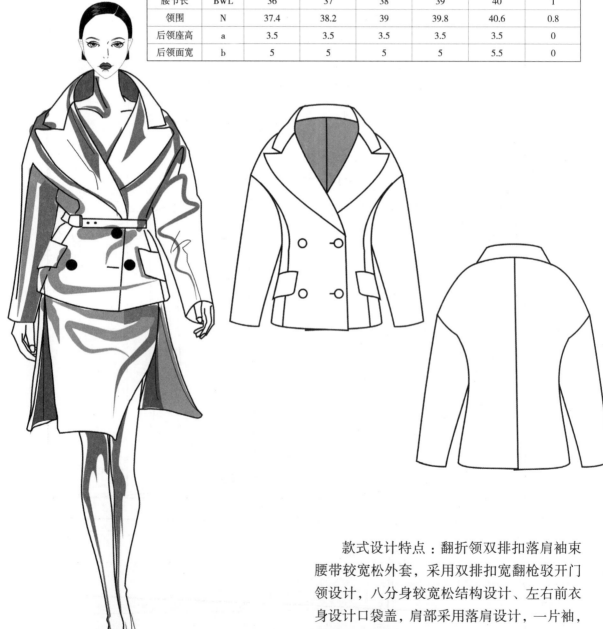

款式设计特点：翻折领双排扣落肩袖束腰带较宽松外套，采用双排扣宽翻枪驳开门领设计，八分身较宽松结构设计、左右前衣身设计口袋盖，肩部采用落肩设计，一片袖，活动腰襻设计。

材料说明：采用薄棉麻等材料，属较宽松型，内可穿较厚毛衣，季节为秋冬季。

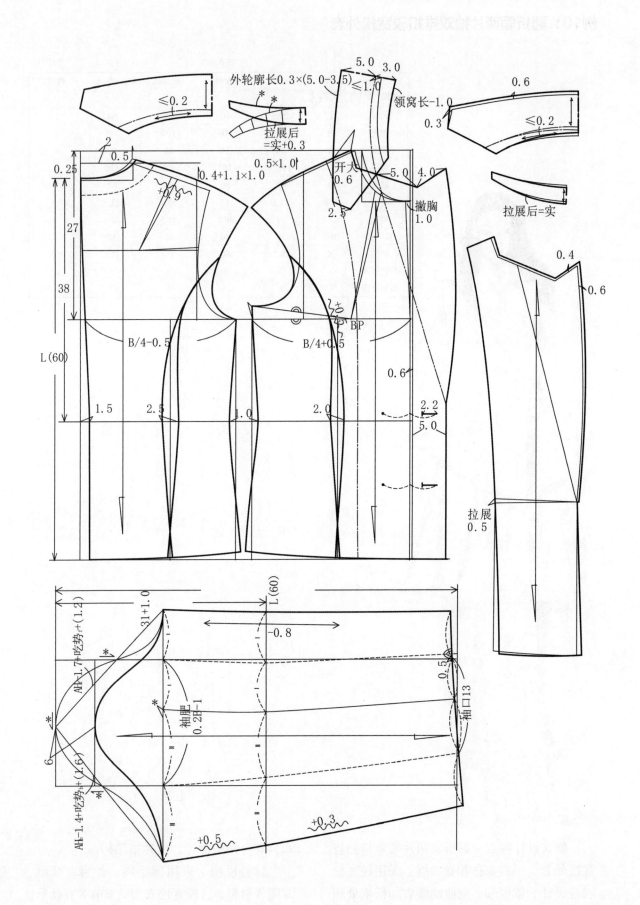

外轮廓长0.3×(5.0-3.5)

≤0.2

5.0　3.0

≤1.0

领窝长-1.0

0.6

0.3

≤0.2

拉展后
=实+0.3

2

0.5

0.25

0.4+1.1×1.0

0.5×1.0

开大
0.6

-5.0　4.0

撇胸
1.0

拉展后=实

+0.9

27

2.5

38

BP

B/4-0.5

B/4+0.5

0.4

0.6

L(60)

1.5　　2.5　　1.0　　2.0

0.6

2.2

5.0

拉展
0.5

31+1.0

L(60)

-0.8

AH-1.7+吃势+(1.2)

0.5

袖口13

袖肥
0.2B-1

AH-1.4+吃势+(1.6)

6

+0.5

+0.3

例10：翻折领两片袖双排扣较宽松外套

成衣规格   单位：cm

部位 尺码代号 号型 部位代码	155/80A	160/84A	165/88A	170/92A	档差
后衣长	L	58	60	62	64	2
胸围	B	96	100	104	108	4
腰围	W	80	84	88	92	4
臀围	H	98	102	106	110	4
袖长	SL	59	60	61	62	1
袖口大	CW	12.2	13	13.4	13.8	0.4
肩宽	S	39	40.5	41.5	42.5	1
腰节长	BWL	39	40	41	42	1
领围	N	39.2	40	40.8	41.6	0.8
后领座高	a	3	3	3	3	0
后领面宽	b	5	5	5	5	0

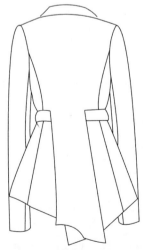

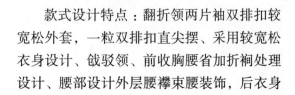

　　款式设计特点：翻折领两片袖双排扣较宽松外套，一粒双排扣直尖摆、采用较宽松衣身设计、戗驳领、前收胸腰省加折裥处理设计、腰部设计外层腰襻束腰装饰，后衣身八分衣身结构设计，两片袖结构。

　　材料说明：采用薄毛料、棉麻、纤维、薄呢等材料，属较宽松衣型，季节为春秋季，内可穿薄毛衣。

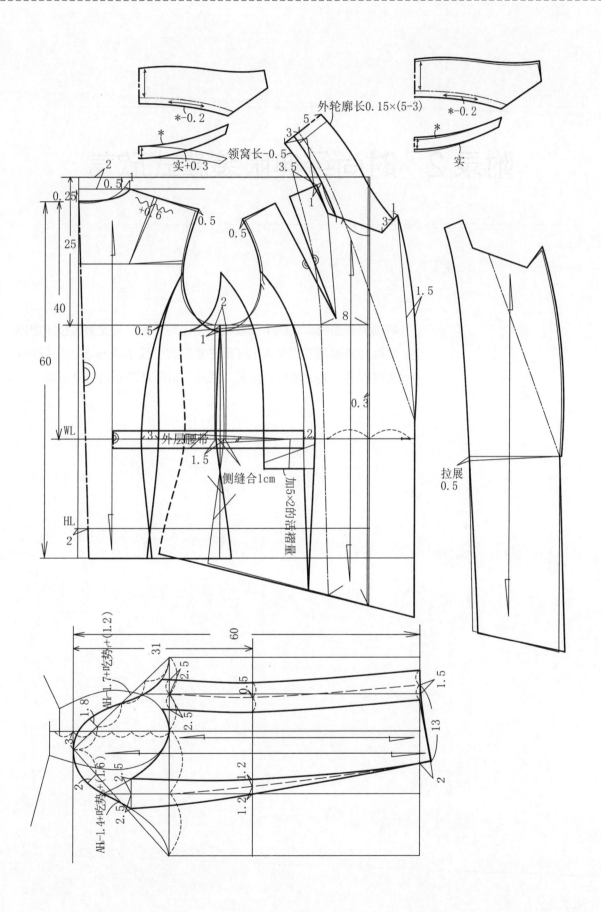

附录 2　时尚经典服装款式欣赏

时尚经典服装款式既承载着服饰文化的历史，又是服装技术的体现。时尚经典服装款式是人们在历史发展的过程中精神与物质相结合的代表性服装，充分体现在款式、色彩、材质及饰品等各个方面。

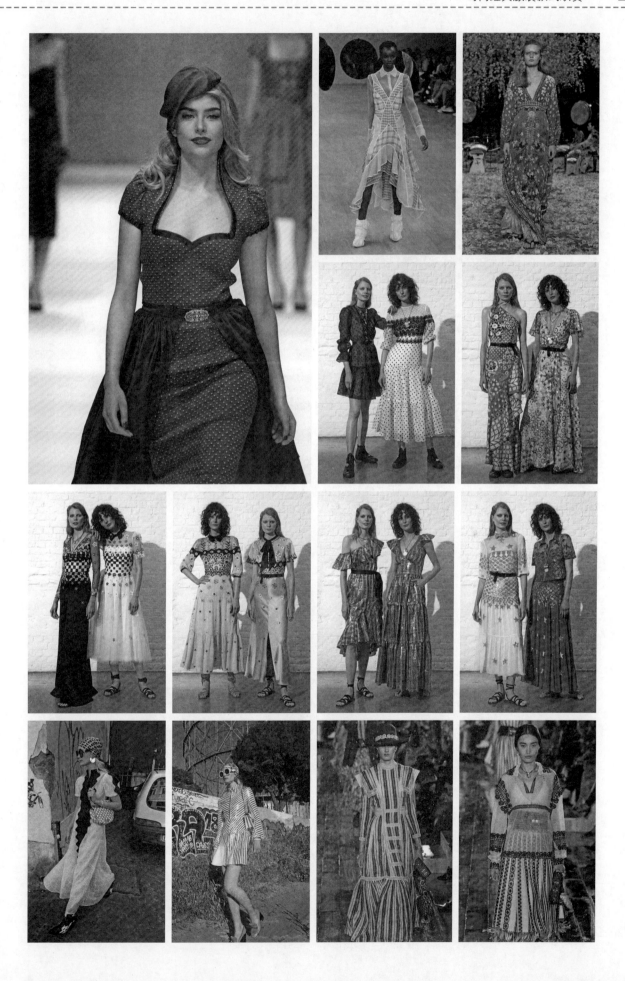

参考文献

[1] 张文斌 . 服装结构设计 . 女装篇 [M] . 北京：中国纺织出版社，2017.

[2] 张文斌 . 服装制版—基础篇 [M] . 上海：东华大学出版社，2017.

[3] 陈长敏 . 服装专题设计 [M] . 北京：高等教育出版社，2000.

[4] 徐青青 . 服装设计构成 [M] . 北京：中国轻工业出版社，2001.

[5] 张文斌 . 服装板型大系：套装 [M] . 上海：东华大学出版社，2018.

[6] 沈雷 . 针织服装设计与工艺 [M] . 北京：中国纺织出版社，2005.

[7] 周朝晖 . 服装款式设计 [M] . 哈尔滨：哈尔滨工程大学出版社，2009.

[8] 邓跃青 . 现代服装设计 [M] . 青岛：青岛出版社，2004.

[9] 袁仄 . 服装设计学 [M] . 北京：中国纺织出版社，2000.

[10] 燕平 . 服装款式设计 [M] . 重庆：西南师范大学出版社，2011.

[11] 刘晓刚 . 基础服装设计 [M] . 上海：东华大学出版社，2004.

[12] 王惠兰 . 服装流行与设计 [M] . 北京：中国纺织出版社，2000.

[13] 陈东生，甘应进 . 新编服装设计学 [M] . 北京：中国轻工业出版社，2007.

[14] 杨道圣 . 服装美学 [M] . 重庆：西南师范大学出版社，2003.

[15] 朱焕良 . 服装材料 [M] . 北京：中国纺织出版社，2002.

[16] 日本文化服装学院 . 服饰造型基础 [M] . 张祖芳，译 . 上海：东华大学出版社，2017.

[17] 华梅 . 服装美学 [M] . 北京：中国纺织出版社，2003.

[18] 董庆文 . 立体构成与服装设计 [M] . 天津：天津人民美术出版社，2004.

[19] 鲁闽 . 服装设计基础 [M] . 杭州：中国美术学院出版社，2001.

[20] 余国兴 . 服装工艺 [M] . 上海：东华大学出版社，2015.

[21] 徐静，王允，李桂新 . 服装缝制工艺 [M] . 上海：东华大学出版社，2010.

[22] 侯东昱，仇满亮，任红霞 . 女装成衣工艺 [M] . 上海：东华大学出版社，2012.

[23] 鲍卫君 . 女装工艺 [M] . 上海：东华大学出版社，2011.

[24] FASHIONARY. Fashionpedia – The Visual Dictionary of Fashion Design[M]. Fashionary，2016.